미스터 포터 2

THE
MR
PORTER

VOL.2

미스터 포터 2

스타일과 품격 있는
삶을 위한 매뉴얼

———

미스터 포터 편집부 엮음

이민경 · 이지희 옮김

그책
BOOK

The MR PORTER Paperback: Volume 2 ⓒ 2013 Net-A-Porter Group Ltd

This edition first published in Korea in 2018 by Openhouse for Publishers, Seoul
Korean edition ⓒ 2018 Openhouse for Publishers

This Korean edition was published by arrangement with Thames & Hudson Ltd,
London and Net-A-Porter Group Ltd through Eric Yang Agency, Seoul

차 례

들어가는 말

『미스터 포터』 시리즈 두 번째 책에서 우리의 목표는 이전 시리즈와 마찬가지로 여러분께 정보와 영감, 그리고 흥미를 선사하는 것입니다. 남성으로서 우리가 마주하는 여러 가지 끊임없는 인생의 난관(?)들—나이에 어울리는 데님 재킷을 고르거나, 전 세계에서 가장 멋진 레스토랑이 어디인지 알아보거나, 혹은 회색곰으로부터 살아남는 방법(언제 마주칠지 절대 모르니까요)을 터득하는 일까지—이 있지만, 여러분이 이러한 것들을 훨씬 쉽게 헤쳐나갈 수 있도록 돕는 것이 우리의 목표이기도 합니다.

『미스터 포터』의 조언이 매사 참견하기 좋아하는 오지랖 넓은 동료보다는 다정한 형이 전해주는 이야기 같은 것이었으면 하고, 여러분도 이 말에 동의하기를 바랍니다. 가끔 우리가 제기하는 질문과 답변이 다소 피상적으로 느껴질 수도 있지만—예를 들어 롤렉스Rolex 고르는 법이나 여성을 위한 란제리 구입법 같은 글—그 밖의 대부분은 완벽한 페널티 킥 차는 법, 타이의 딤플 만드는 법처럼 의심할 여지 없이 중요한 내용을 담고 있습니다. 배우부터 아티스트, 테일러, 펜싱 선수 등 우리가 존경하는 남성들의 인터뷰도 담았습니다. 또 커스텀 모터사이클과 이탈리아 가구 디자인처럼 멋진 것들을 찬미하는 에세이와 더불어 야외에서의 식사나 출퇴근길에 대한 현실 비판적인 에세이로 균형을 더했습니다.

이 책에 담긴 모든 내용의 바탕에는 인정하든 안 하든, 우리 모두가 고군분투해 찾으려고 노력하는 센스 있는 라이프 스타일이 있습니다.

제러미 랭미드Jeremy Langmead
편집장

일러두기

○ 본문에 등장하는 인물의 직책, 나이 등은
  현재 시점과 다를 수 있음을 미리 밝혀둔다.

○ 인명과 영화, 노래 제목 등 외래어의 한글 표기는
  가급적 규정된 표기법에 따랐으나
  일부는 관례를 따라 적었다.

"무릇 남자란 옷을 똑똑하게 구입하고 섬세하게 갖춰 입었지만,
마치 이 모든 것들을 완전히 잊은 것처럼 보여야 한다."

하디 에이미스 경Sir Hardy Amies

새로운 개츠비

왜 우리 주변엔 항상 경외심을 불러일으키는
동시에 의심스러운 백만장자들이 존재하는 걸까?

글 존 랜체스터John Lanchester

만약 20세기 문학을 하나의 질문으로 압축해야 한다면 아마 이쯤 되지 않을까. '당신은 누구인가?' 더 나아가 '나는 누구인가?' 이는 우리의 가장 사적인 부분과 자아를 건드리는 깊고도 철학적인 수준에서 나오는 질문이다. 또한 우리가 자신의 자아를 어떻게 묘사하는지, 우리에게 일어나는 일에 어떻게 대응하는지, 그리고 우리가 그렇게 되길 바라는 존재, 꿈과 두려움, 자신에게조차 말하지 않는 가장 사적인 욕구들에 대한 질문인 것이다. 하지만 이는 우리가 마주치는 사람들에게 일상적으로 묻는 매우 기본적인 질문이기도 하다. 이 남자는 누구지? 그는 어떤 사람이지? 어떤 사람인 척하는 거지? 그는 정말 어떤 사람인 걸까?

『위대한 개츠비The Great Gatsby』가 그토록 비범한 작품이 된 이유 중 하나는 20세기 글쓰기의 핵심인 이 질문을 이야기의 중심축으로 가져다 놓았기 때문이다. 각본가들이 즐겨 표현하는 것처럼, 그야말로 "코앞에 갖다 대주는" 것이다. 개츠비는 누구인가? 이는 철학적인 의미를 포함할 뿐만 아니라 글자 그대로 기본적인 물음이기도 하다. 이 남자는 누구인가?[1] 그는 돈을 어떻게 번 것인가? 그리고 지금 그는 대체 뭘 하고 있나? 진짜이기는 한 건가? 물론 표면적인 것들은 볼 수 있다. 돈과 파티, 온갖 화려한 것들 말이다. 하지만 그런 그는 대체 어디서 온 것일까. 제이 개츠비 주변 세계를 둘러싼 이 질문이 얼마나 흥미로운지 보여주는 것은 F. 스콧 피츠제럴드F. Scott Fitzgerald의 천재성이 드러나는 부분이기도 하다. 개츠비의 근사한 접대를 즐기는 사람들이 그 뒤에 숨은 미스터리를 궁금해하기 시작한 것이다.

개츠비는 모던의 전형을 보여준다. 경제 부흥은 개츠비들을 양산해냈다. 최근의 불황에도 불구하고 그 어느 때보다 많은 부유한 사람들이 존재하며, 개츠비와 같은 남자들도 넘쳐난다. (그와 같은 '사람들'이 많다고 말하려 했는데, 이는 잘못된 표현인 것 같다. 개츠비 타입은 성중립적이 아니니까. 신흥 여성 부자들 또한 궁금증과 호기심의 대상이지만, 이는 인간 수수께끼의 또 다른 영역이니 여기서는 '남성'으로만 이야기를 제한하기로 한다.) 수십 년 전, 개츠비의 새로운 유형들이 우리 주위에 생겨났다. 헤지펀드 개츠비, 실물 상품으로 대박을 친 개츠비, 닷컴 개츠비, 스타트업 개츠비, 벤처캐피털 개츠비, IPO[2] 개츠비와 더불어 너무나 빠르게 많은 돈을 벌어들여 궁금증을 불러일으키는 종류의 나머지 개츠비들이 바로 그들이다. 미스터리 없는 개츠비즘은 없다. 이들이야말로 사람들이 의심하기를 즐기는 부류의 남자들이다. 그는 정확히 어떻게 해서 백만장자가 된 걸까. 이는 언제나 어렴풋이 흥을 돋우는 자극적인 질문이다.

　개츠비즘의 또 다른 필수 요소는 돈을 매우 잘 쓰는 것이다. 호화롭게, 아무런 문제나 고통 없이, 주저 없이 말이다. 마치 자신이 매우 가난한 것처럼 1원 한 푼도 조심스럽게 쓰려는 부자들도 있다. 개츠비는 정확히 그 반대라고 할 수 있다. 사람들은 돈 때문에 곤경에 빠지곤 하는데, 그렇지 않아 보이는 사람들은 그래서 뭔가 더 마법 같고, 문제가 있어 보이기도 한다. 이를 피츠제럴드보다 더 잘 이해하는 사람은 없었고, 그는 이러한 통찰력을 자신의 가장 유명한 캐릭터가 된 개츠비에게 주입시켰다.

　이러한 유형이 여전히 존재하고, 우리 주위에 그 어느 때보다 많은 개츠비가 있다고 해서 그간 변화가 전혀 없었던 건 아니다. 여기서 가장 중요한 건 새로운 미스터리한 남자들이 더욱 국제적으로 활동한다는 사실이다. 현대의 개츠비는 현재 그들이 활개를 치는 바로 그 지역 출신이 아니다. 만약 그렇다면 모두가 그를 너무 잘 알게 될 테니까. 현대 사회의 세계적인 부호들의 유동성은 우리가 그들에 관해 가장 놀라워하는 요소 중 하나인데, 그건 바로 그들이 현대 자본의 흐름과 평행하게 움직인다는 사실이다. 어느 곳이든 갈 수 있는 자본은 으레 그것에 가장 호의적인 장소로 이동하기 마련이며, 사람들 또한 마찬가지다. 이 전례없는 유동성에 더하여 슈퍼 리치들의 특징은 이제 그들이 너무나 국제적이라는 사실이다. 어딜 가든 이름값은 동일하며, 그들은 하나의 언어로 말할 뿐이다.

　세금 제도로 말할 것 같으면 세계적인 부호들에게 런던만큼 우호적인 도시도 없다. 여기에 완벽한 표준시간대와 언어를 더하면? 런던이 개츠비즘의 세계적인 중심지인 까닭은 결코 놀랍지 않다. 하지만 여기서 장소가 중요하다는 생각에는 약간 오해의 소지가 있다. 개츠비들은 하나의 장소에서 사는 것이 아니라 자신들만의 개츠비스탄Gatsbystan³에서 살아간다. 그곳은 파리 6구의 생 제르맹이나 뉴욕의 그리니치 빌리지, 혹은 런던의 나이츠브리지나 그들의 요트일 수도 있다. 그들의 출신 성분이 꽤나 명확하지 않은 것처럼, 사는 장소 또한 확실하지 않은 것이다. 하지만 한 가지 장소가 아닌 것만큼은 확실하다. 개츠비가 어디에 있든지 또 다른 한편에는 일련의 공허함도 자리한다. 그곳엔 파티와 매력적인 사람들, 미스터리한 기운, 현재 이 많은 사람들이 대체 어디서 왔고 이 모든 게 어떻게 끝날 것인지에 관한 추측과 의심이 함께 존재하니까 말이다.

2013년 영화감독 배즈 루어먼Baz Luhrmann이 새롭게 연출해 선보인 「위대한 개츠비」에서 (왼쪽부터) 배우 리어나도 디캐프리오Leonardo DiCaprio, 캐리 멀리건 Carey Mulligan, 조엘 에저턴Joel Edgerton

일라이자 우드

호빗에서부터 사이코까지 다양한 연기 스펙트럼을 보여준
재능 넘치는 배우 일라이자 우드Elijah Wood가 영화와 음악 그리고
마니아적인 것들에 대해 이야기한다.

글 마이크 호지킨슨Mike Hodgkinson

영화에 관해서 일라이자 우드는 제대로 된 국제주의자라고 할 수 있겠다. "요즘 제가 사랑하는 대부분의 영화는 유럽이나 멕시코 혹은 아시아에서 만들어진 것들이에요." 꾸밈없이 청명한 LA의 아침, 커피를 마시며 그가 말했다. "지난 5~10년 사이에 스페인에서 멋진 영화 제작자들이 꽤 많이 등장했어요. 최근엔 영어 버전(에우헤니오 미라Eugenio Mira의 「그랜드 피아노Grand Piano」와 나초 비갈론도Nacho Vigalondo의 「오픈 윈도우즈Open Windows」가 그것이다)으로 첫 데뷔를 치른 두 명의 스페인 출신 감독과 일했고요. 일본에서 몇몇 필름 바이어들을 만나기도 했죠. 일본에도 멋진 감독들이 있거든요."

우리는 베니스 해변 근처 한 프렌치 스타일 카페에 앉아 있다. 색다르고 이국적인 것을 사랑하는 일라이자 우드에게 딱 어울리는 장소다. 「반지의 제왕The Lord of the Rings」 시리즈(뉴질랜드에서 촬영했다)로 자신만의 입지를 공고히 하고 심지어 지금 막 동아시아와 이베리아반도를 다녀온 이 배우는 더욱 세계적인 인물이 된 것 같다. 할리우드를 넘어서 다양한 방면으로 자신의 영역을 넓혀온 로스앤젤레스 시민인 우드는 중간계Middle Earth를 다룬 이 영화가 가져다준 영광에 머물고자 하는 유혹을 거부하고, 배우로서 그리고 제작자로서 다양한 국가에서 다채로운 프로젝트를 수행하며 글로벌 영화 산업을 포용해왔다.

하위 장르 중에서도 가장 본능적이고 논쟁적인 고어물인 2012년 작품 「매니악Maniac: 슬픈 살인의 기록」에 대한 이야기가 나오자 그는 이렇게 설명한다. "이 영화의 특징이라면 원본을 스타일리시하게 각색했다는 것이죠." 1980년 그라인드하

우스[4] 영화의 리메이크 버전이기도 한 이 작품에서 그는 어머니에게 집착하는 사이코 역할을 맡았다. 영화는 프랑크 칼푼Franck Khalfoun이 연출을 맡아 스플래터 영화[5]에서 가장 인정받는 인물 중 하나로 평가받는 이탈리아 출신의 전설적인 감독 다리오 아르젠토Dario Argento를 경외하는 마음을 담으면서도 새로운 변화를 추구하고자 했다. 또 전체적으로 철저히 킬러의 관점에서 찍었다.

"원작도 그것만의 스타일이 있다고 생각은 하는데, 꽤 지저분한 것도 사실이에요. 저는 그 영화를 B급 영화로 분류하지도 않고요." 그의 말이다. "리메이크를 선호하는 편도 아니고 호러 영화 리메이크는 더욱 그래요. 그런데 이 작품은 끌렸어요. 결과적으로 생각했던 것보다 훨씬 멋지고 아름답게 나오기도 했고요. 처음에는 이렇게 알고 있었어요. '킬러를 연기할 거고, 회상 신으로만 보여질 거다'라고요. 정말 솔깃하잖아요. 그리고 모든 장면은 싱글 숏[6]으로 촬영됐죠. 그래서 모든 신이 제가 어떻게 담겼는지, 카메라가 어디로 움직였는지 알아내기 위한 퍼즐처럼 느껴졌던 것 같아요. 일종의 춤 같았다고 해야 할까요."

공포 영화는 이 특별한 장르에 특화된 우드셰드Woodshed라는 프로덕션을 차린 그에게는 결코 단순한 시간 낭비가 아니다. 2013년 우드는 이란 뱀파이어 소녀의 이야기를 담은 흑백 영화이자 영화 전반에 걸쳐 페르시아어를 주로 사용한 「밤을 걷는 뱀파이어 소녀A Girl Walks Home Alone at Night」를 제작했다. 이 외에도 우드셰드의 포트폴리오에는 「쏘우Saw」의 리 워넬Leigh Whannell 감독과 「글리Glee」의 프로듀서 이언 브레넌Ian Brennan이 대본 작업을 협업한 의외의 결과물인 영화 「쿠티스Cooties」도 포함되어 있다. "학교에서 좀비가 되는 아이들이 등장하는 공포 코미디 영화예요."

인터뷰 내내 열정적이고도 매력적이었던 우드는 「반지의 제왕」 성공 이후 여러 창조적인 계획들이 이끈 자유를 즐기는 모습이었다. 그는 자신에게조차 편안해 보이는 남자 같았다. 눈에 띄게 강요당하지도 않고 여기저기 개의치도 않으며 그 사이를 오가는 그만의 자연스러운 스타일이 이를 말해준다. "네, 패션은 제 삶의 한 부분이죠. 대단한 건 아니에요. 모두가 자신만의 스타일이 있다고 생각하는데 저는 꽤 심플한 편이지요. 상대적으로 클래식하고 유행 타지 않는 것들을 좋아할 뿐이에요."

그는 쇼핑을 자주 하는 것은 아니지만 일본 갈 때만은 예외라고 고백한다. "저에게는 핏이 제일 중요한데 일본에서는 옷을 입을 때마다 잘 맞더라고요. 미국에서는 그렇지 않거든요. 그래서 그곳에 가면 좀 미치게 되죠. 매장에 들어가 마음에 드는 것을 보고는 '아 이건 맞겠다'라는 생각이 드는 건 기분 좋은 일이잖아요.

일본은 쇼핑의 천국이에요."

그럼 인터넷 쇼핑은 어떨까. "최근에 미스터 포터 사이트를 처음으로 훑어봤어요. 놀랍더군요. 디자이너 셀렉션은 제가 본 그 어떤 사이트보다 다양했어요. 새롭게 떠오르는 신예 브랜드부터 유명 디자이너까지. 정말 멋지던걸요."

우드의 모든 일과 관심을 잇는 연결 고리는 그것들을 큰 그림에서 보고자 하는 마음인데, 이러한 접근 방식은 직업의 연장선상에 있는 것들, 예를 들어 음악에서도 나타난다. "저는 모든 장르를 들어요. 가장 좋아하는 건 대개 나우 어게인 레코드Now-Again Records나 영국에서 만든 파인더스 키퍼스Finders Keepers, 라이트 인 디 애틱 레코드Light in the Attic Records 같은 재발매 레이블이죠. 이들은 특정 앨범을 그대로 재발매하기도 하고, 월드 뮤직과 사이키델릭한 음반의 컴필레이션 앨범을 발매하기도 해요."

2005년 그가 설립한 음악 레이블인 시미언 레코드Simian Records는 그의 말마따나 "약간 변화를 거치고 있는 상태이고", 그는 때때로 디제잉을 즐기기도 한다 (디지털보다는 바이닐vinyl 쪽인데 이유인즉슨 더 만족스럽기 때문이라고). "저는 현재 어떤 게 나오고 있나 살펴보기보다는 예전 음반을 뒤지는 데 더 많은 시간을 보내요. 그런 것들이 저를 더 만족시키거든요. 푹 빠질 만한 정말 멋진 음반을 찾는 게 이젠 어려워졌어요. 차라리 예전 음반들에서 마음을 사로잡는 걸 찾는 게 훨씬 쉽죠."

'앤티크'를 선호하는 그의 이러한 기질은 LA 건축물을 향한 애정에서도 엿볼 수 있다. 2012년 그는 철거 위기의 51년 된 타코 노점을 구하는 캠페인까지 벌였다. "LA가 그런 것처럼 우리는 정말 짧은 역사를 가지고 있잖아요. 저는 이런 옛것들을 보호하는 게 중요하다고 생각해요." 그러면서 제일 좋아하는 지역 건축물로 시청사나 2번가 터널을 꼽는다. 패서디나에 있는 한 세기를 지내온 오래된 집들부터 안젤리노 하이츠의 빅토리아 양식 맨션, 이제는 철거된 벙커 힐의 주택가 등 그는 「크리스 크로스Criss Cross」와 같은 흑백 영화의 추억 속에서만 존재하는 그 건축물들에 깊은 존경을 표한다고 말한다.

"사실 이곳 베니스에도 작고 오래된 방갈로 건물이 있었어요. 레이 브레드버리Ray Bradbury가 『화성 연대기The Martian Chronicles』를 집필할 때 살았던 곳인데 새로운 주인들이 다 허물어버렸어요. 마음이 아팠죠."

우드는 아쉬워하며 마지막 커피 한 모금을 마셨다.

"하지만 흐름이 바뀌고 있다는 느낌이 들어요. 사람들이 역사와, 우리에게 조금이나마 남겨진 유산에 전보다 관심을 가지는 것 같아요."

그렇게 그는 가방을 챙기고서 자리를 떴다. 자신만의 역사를 쌓아가기 위한 준비가 된 듯이.

안전띠를 매세요

출퇴근길은 주위의 통근자부터 우리의 양심까지 위험요소투성이다.

글 앨릭스 빌릅스Alex Bilmes

(영국『에스콰이어Esquire』에디터)

신사들이여, 안전띠를 매자. 내가 지금 인정하려고 하는 것은 매우 굴욕적이게 도 쿨하지 못한 것이라 사람들과의 대화 속에서도 내 수치심을 숨기고, 나보다 운은 없지만 더 현명한 사람들의 당연한 분노를 회피하기 위해 종종 거짓말을 하곤 하는 것이다. 자, 숨을 깊게 들이쉬길. 이제부터 이야기를 시작하겠다. 내 이름은 앨릭스 빌릅스이고 출퇴근 시 운전을 한다. 런던 중심부 어디에서도 멀 지 않은 집에서 런던 중심부까지, 길이 막히지 않으면 집에서부터 회사 주차장 까지 25분 정도 걸린다. 거리에서 공사를 하고 있으면 그 시간의 두 배 혹은 그 이상이 걸리기도 하고 말이다. 그런데 공사 중이 아닐 때는 도대체 언제란 말인 가(매번 공사 중이란 얘기다). 한 가정의 가장이 북극 판빙을 녹이는, 이 크고 무 거운 사륜구동 디젤 자동차 안에서 매번 한 시간 가까이 시달리는 것이다. 열일 곱 명의 사람과 애완동물, 여기에 서프보드까지 거뜬히 수용할 수 있는, 탱크를

연상시키는 독일 차인데 타는 사람이라곤 대부분 한 명, 그러니까 나 하나뿐이다(애완동물도 서프보드도 없다는 것이 함정).

내가 항상 이랬던 건 아니라는 점을 이해해주기 바란다. 지난 20년 동안 나는 대부분의 올바른(?) 사람들과 함께 버스와 지하철을 이용해 출퇴근했다. 그러다 현재의 이 녀석을 갖게 되었고 소호 밑에 주차 공간도 주어졌다. 그리고 터널과 버스 위층에서 20년을 보낸 나는 더 이상은 견딜 수가 없었다. 솔직해지자. 당신은 그럴 수 있나?

자가용으로 집과 사무실을 오가는 새로운 방식은 다른 사람들이 어떻게 살아가는지에 관해 배울 수 있는 흥미로운 과정이었다. 때로는 자유롭고 만족스럽기도 했고, 또 때로는 분노에 몸서리칠 정도로 불쾌하기도 했다.

한편으로는 대중교통을 이용했던 지난날들의 나 자신을 돌아보는 계기가 되기도 했다.

출퇴근할 때의 운전에는 분명 장점이 있지만 피할 수 없는 단점도 있다. 비가 오는 날 후줄근하게 젖은 채로 버스정류장에서 버스를 기다리는 남자에게 나는 사치스러운 간부의 전형으로 보일지도 모른다. 하지만 함께 운전하는 사람들은 안다. 자가용 안은 따뜻하고 젖을 일은 없지만 자가운전은 교통체증에 갇히는 것은 물론이요, 화물차 운전자들에게 손가락질받기 일쑤며, 거리를 지나는 사람들에겐 무시당하고, 교통 카메라에 감시받는 재미없는 일이라는 사실을 말이다. 모순처럼 들릴 수 있겠지만 운전은 걷거나 뛰고, 자전거 페달을 밟거나 버스나 지하철에 올라타는 것보다 더 편하면서도 스트레스는 더 많은 일이다.

여기에 내가 알게 된 몇 가지를 나열해보도록 하겠다.

1

자가용 출근은 사람을 바보로 만든다. 최근 뉴스라면 매일 아침 내 블라우풍트 Blaupunkt[7]에서 울리는 BBC의 거슬리는 방송 「투데이Today」 덕에 좀 아는 편이긴 하다. 하지만 자기 전 침대에서 빼고는 더 이상 소설이나 진지한 논픽션은 읽지 않는다. 길이 좀 막히는 틈을 타 운전대에 제이디 스미스Zadie Smith의 책을 잘 세워놓고 읽어보려 했지만 계속해서 떨어지기 일쑤였다. 마이클 루이스 Michael Lewis 책으로도 해봤는데, 때마침 자전거 타는 사람들이 앞을 가로막아 혹여 그중 한 명을 치거나 해 기소되지 않을까 두려웠다.

2

출퇴근시 운전은 일에 있어서의 성공에 도움을 줄 수는 있겠지만 재미가 덜한 건 분명하다. 운전하는 내내 핸즈 프리 블루투스 휴대전화로 클라이언트와 이야기를 하거나 상사에게 좋은 인상을 심어줄 수도, 직원을 꾸짖을 수도 있으니 지하철 출퇴근자들보다 그야말로 한 시간 일찍 일을 시작하고 한 시간 더 늦게 업무를 마치는 셈이다. 운전은 나만의 시간을 만끽하는 것과는 거리가 멀다. 혼자 있지만 결코 혼자가 아닌 것이다. 이건 혼자 있지 않지만 실은 홀로인 지하철 출퇴근과는 정확히 반대다.

3

자가용 출퇴근은 사람을 외롭게 한다. 맞다. 아침 7시 45분, 베이스워터나 브루클린교 아래 어떤 깊숙한 지점, 이방인의 겨드랑이에 얼굴을 파묻지 않을 수 있으니 다행인 건 사실이다. 하지만 다른 한편으로는 오랜 친구를 만나거나 매력적인 낯선 이와 말없이 은밀한 추파를 나누는 일은 없다고 봐야 한다. 영화 「셰임Shame」에서 마이클 패스벤더Michael Fassbender가 연기한 섹스광 역할이 자가운전으로 출퇴근했다면, 그조차 그토록 많은 여자와 섹스할 수는 없었을 것이다. 「매드 멘Mad Men」의 피트 캠벨이라면? 말할 것도 없다.

4

운전해서 출근하는 건 낯선 이들의 대화를 엿듣지 못하는 것을 의미한다. 비록 10대의 아이폰 이어폰 넘어 흘러나오는 작은 소음들이 하루를 시작하기에 앞서 이상적으로 기대하는 아침 새소리는 아니라 할지라도, 타인들과 부대끼고 부딪히지 않는다면 과연 도시에서의 삶다운 삶이라 할 수 있을까. 이상하게도 나는 낯선 사람들과의 집단 출근 속에서 느끼는 일종의 소속감이 그립다. 와자지껄한 혼잡함과는 멀리 떨어져 자가용 안에 꼼짝없이 틀어박혀 있노라면 시골에서 일할 수 있을지도 모른다는 생각마저 든다. 물론 그대들이여, 이건 내 원수들에게도 차마 바라지 않는 일이긴 하다.

5

출근길 운전은 런던의 교통체증으로 한 시간에 3.2킬로미터밖에 가지 못하는 괴로움이 있을지언정 육체적으로 더 편하기는 하다. 만약 자동차에 마사지 기능이 있다면 더더욱 그렇다.

6

하지만 마사지 기능을 탑재한 좌석이라 할지라도 아침 7시 20분 세인트 판크라스로 향하는 길이 막혀 옴짝달싹할 수 없다거나, 94번 버스를 기다리다 교통카드를 잃어버렸다고 생각한 순간 겨우 찾는 그런 상황보다 스트레스가 덜하다고 볼 수는 없다. 사실 많은 순간 나는 배우 마이클 더글러스Michael Douglas가 출연한 영화 「폴링 다운Falling Down」—출근길 운전의 두려움과 증오를 가장 잘 포착한 영화—의 디펜스처럼 교통이 정체된 고속도로 한복판에서 자동차를 버리고, 좌석 밑 어딘가에 숨겨놓은 펌프 연사식 산탄총을 든 채 사람들을 쫓아내며 도시를 활보하고 싶은 욕망을 자주 느끼곤 한다. 유감스럽지만 정말로 그런 심정이다.

7

살인 충동을 느끼지 않는 날엔—가끔 그런 날이 오기도 한다—출근길 운전은 아침저녁으로 상당한 책임감이라는 부담을 안겨주기도 한다. 빅토리아 라인[8]이 파업으로 운행하지 않을 때 지각에 대한 변명거리가 없다는 사실만을 얘기하는 게 아니다. 운전할 때면 노인 여성, 통학하는 아이들, 휠체어에 의지한 장애인 등 거리를 이용하는 모든 다른 사람들의 삶이 갑자기 내 손에 달려 있다는 느낌이 든다. 이런 사람들 중 하나라도 다치게 하지 않고 전광석화처럼 발 빠르게 대응하며, 영화 「드라이브Drive」의 라이언 고슬링Ryan Gosling처럼 여러모로 불편해지는 만일의 사태를 피하는 데 필요한 운전 요령을 갖추는 등 운전자에게 요구되는 경계와 대응은 정말 믿기 힘들 정도다. 특히 술 한잔이라도 걸쳤을 땐 더더욱 그렇다.

8

자, 술 얘기다. 자가용 출퇴근을 할 때 우리는 늘 주량을 확인해야 한다. 여기서 '확인'이라 함은 귀가할 때까지 술을 마실 수 없다는 뜻이다. 물론 다음 날 아침 숙취는 없겠지만, 그때의 재미는 영영 누릴 수 없다. 그것 말고도 다른 여러 가지가 있지만 여기까지 말하는 것으로 하자.

9

퇴근 후 모임이라도 할 경우, 사람들은 당신에게 혹시 집에 데려다줄 수 있는지 물어올 테고, 만약 거절한다면 꽤 분하게 생각할 것이 뻔하다(왜냐하면 당신은 거절할지언정 토하고 지쳐 널부러진 동료를 위해 택시 기사를 자처하고 싶지는 않으니까).

10

런던의 교통 혼잡 통행료나 불법 주차 벌금, 교통 지옥, 어마어마한 주유비와 차량 유지비를 생각했을 때 차를 몰고 다니려면 억만장자가 되어야 한다. 하지만 나는 억만장자가 아니다. 이 모든 것들은 이렇게는 더 이상 유지하기가 힘들다. 하지만 어쨌든 나는 차를 샀고 주차 공간도 있다. 그렇다면 어떻게든 잘 사용하는 게 맞겠지?

룩

리처드 매든

HBO 드라마 「왕좌의 게임The Game of Thrones」 출신의 배우 리처드 매든
Richard Madden이 세상을 향해 자신감 있게 나갈 준비를 마쳤다.

글 제러미 랭미드
(미스터 포터 편집장)

리처드 매든이 사람들 사이에서 꽤나 알려지고 있는 모양이다. 런던의 클래
리지에서 열린 비공개 파티에서 나는 매든과 그의 동료 배우 키트 해링턴Kit
Harington에게 사진을 요청하는 쉰 살의 남자를 보았다. 그는 자신의 열네 살짜
리 조카가 드라마의 광팬이라고 했다. 하지만 그 사진은 오로지 자신의 즐거움
을 위해 찍는 것 같았다. 이 신사는 드라마를 이끄는 두 명의 캐릭터 롭 스타크
와 존 스노와 함께 메이페어Mayfair⁹에 있다는 기쁨을 감추지 못했기 때문이다.
　드라마 「소프라노스The Sopranos」¹⁰와 중간계를 섞어놓은 듯한 「왕좌의 게
임」의 인기는 대단했다. 조지 R. R. 마틴George R. R. Martin 원작의 컬트 소설은
HBO의 아낌없는 투자에 힘입어 잔혹한 폭력 장면과 자극적인 섹스 신, 화려한
로케이션을 앞세운 드라마로 재탄생되었다. 무엇보다 작품은 런던 웨스트엔드
West End¹¹의 연극 무대(이언 맥더미드Ian McDiarmid와 함께한 「내 곁에 있어Be
Near Me」를 포함)와 BBC TV 드라마 「소년을 걱정하며Worried about the Boy」,
「버드송Birdsong」 등으로 극찬을 받은 바 있는 그에게 전혀 새로운 수준의 명
성을 가져다주었다.
　스코틀랜드 출신의 재능 있는 이 배우의 인기는 앞으로도 계속해서 높아질 것
같다. 리베카 홀Rebecca Hall과 케이트 블란쳇Cate Blanchett 등과 같은 배우들
과 함께 작업하기도 했으며, 블란쳇과는 케네스 브래나Kenneth Branagh 감독
의 영화 「신데렐라Cinderella」의 실사 영화 버전에서 왕자 역을 연기하며 호흡을
맞추기도 했다. 그러니 흥분을 감출 새도 없는 게 당연하다. 유능하고 잘생긴,

15

게다가 지치지 않는 에너지로 가득한 그는 지금 뉴욕에서 며칠간의 휴가를 만끽 중이다. 모든 결과물의 반응이 표면에 드러나기 전, 일단 이 도시를 즐기고 있다. 쇼핑은 그중 상위 목록에 있다. 빈티지한 멋의 프라다Prada 스웨이드 첼시 부츠, 제이크루J. Crew의 캐시미어 피코트만큼이나 칵테일 또한 그러하다. 매든 은 칵테일을 좋아하는데, 사실 밤에 즐길 수 있는 모든 것을 좋아한다고 말하는 게 더 정확할 것이다. 그는 카메라 앞이나 파티에서 활짝 피어나는 종류의 사람 이니까. 이 두 가지는 분명 그에게 에너지를 불어 넣어주는 것 같다. 화보 촬영 다음 날, 그는 미스터 포터가 스탠더드 하이 라인 호텔의 엠파이어 스위트에서 연 작은 파티의 비공식적인 호스트 역할을 익숙하게 해냈다. 손님들을 맞이하고 마티니와 대화로 그들을 능숙하게 다루는가 하면, 장난기와 명랑함으로 가득 찬 두 눈은 실제로 모든 순간을 즐기는 것처럼 보였다. 시차 적응에 괴로워하는 호 스트(나)와 주중의 화요일 밤이라는 시간에도 불구하고, 파티는 새벽 4시 반이 다 돼서야 끝이 났다. 다음 날 저녁 6시, 책상에서 시체처럼 널부러지기 시작할 때쯤 매든이 보워리 호텔의 바에서 문자를 보내왔다. 지금 내게 딱 필요한 것은 케틀 원Ketel One 보드카와 소다일 거라는 메시지였다. 결국 그의 말이 맞았다.

현대 데이트 기술의 법칙

나이가 드는 만큼 우리의 기술도 낡아진다.
여기 불혹을 넘긴 미혼 작가의 이야기에 귀 기울여보도록.

글 사이먼 밀스Simon Mills

최근 몇 년 사이에 나온 데이트 영화 중 최고는 2011년작 「크레이지, 스투피드, 러브Crazy, Stupid, Love」다. 일단 줄리안 무어Julianne Moore와 에마 스톤Emma Stone, 그리고 머리사 토메이Marisa Tomei라는 흠잡을 데 없이 섹시한, 남자들이 꿈꾸는 이상형 삼총사가 등장하기 때문이다. 여기에 라이언 고슬링이 분한 제이콥 팔머 역할도 빼놓을 수 없다. 늘 샤프하게 차려입고 능수능란한 말주변을 갖고 있으며 술집을 드나드는 난봉꾼인 그는 극 중에서 센스도 말주변도 없는 데다 최근 부인과 이혼까지 한 칼 위버(스티브 커렐Steve Carell이 맡았다)에게 요즘 시대의 데이트 기술에 대한 신선하고도 허를 찌르는 가르침을 전수한다. 특히 옷에 대한 두 주연 배우의 상반된 태도를 묘사하는 부분이 주목할 만하다.

고슬링의 옷차림은 쇼핑몰에서도, 피자 한 조각을 먹을 때조차도 뚜렷한 목적이 있는 반면, 커렐의 캐릭터는 패션에 전혀 신경 쓰지 않는, 실리콘 밸리 스타일[12]이다. 극 중 팔머는 위버에게 믿을 수 없다는 듯이 "당신이 스티브 잡스예요?"라고 묻기도 하고, "애플Apple의 억만장자 사장이에요? 아니잖아요. 그럼 뉴발란스New Balance 스니커즈는 절대 신으면 안 돼요"라며 채근한다. 쇼핑에 나선 팔머는 위버에게 좀 더 모던한 데이트용 옷으로 가득한 중년 옷장 프로젝트를 강요한다. 위버는 디자이너 브랜드의 가격표를 보고 움찔하지만 팔머는 그런 그에게 이렇게 대꾸한다. "제발 갭Gap보다는 나아지자구요. 자, 따라 해보세요."

사실 미혼 남성의 옷, 그러니까 데이트 복장은 단순히 옷 그 자체가 아니다. 심혈을 기울여 완성한 선물 포장이며 비주얼적인 이력서로 당신의 스타일 수준을 드러내는 것은 물론이요, 통장 잔고와 취향, 미적 감각, 커리어, 세속성과 자신감을 나타내준다. 그러니 실수하지 말자. 데이트하는 여성의 레이더망에 걸리는 순간, 당신의 모든 디테일은 노출될 거고, 법의학적으로 낱낱이 해부되고 스캔될 것이다. 이것이 바로 데이트 CSI이고, 당신은 이 게임의 희생양이다. 첫 만남에서 그녀가 당신의 최고로 멋진 모습만 보고 단점은 모른 척 넘어가 주길 바랄 것이다. 그러기 위해서는 좀 더 슬림해 보이고, 강점은 부각시키며, 다리는 한층 길어 보이고, 섹시함은 더욱 강조할 의상이 필요하다. 단지 몸을 '보호'하는 용도가 아니라는 말이다.

자, 테일러링이 필요하다. 늘어지고 넉넉하고 큼직하며 처진 아저씨나 아빠 스타일의 옷은 죄다 갖다 버리자. 자신감을 북돋아 주고 꼿꼿한 자세를 만드는 데 도움이 되는 아이템을 입자. 색감은 어둡고 수수한 톤을 추구하자. 네이비, 짙은 파란색, 검정색, 흰색, 회색 등 전반적으로 톤이 낮고 클래식한 색으로 채우는 게 좋겠다. 청바지를 입을 땐 도시적인 카우보이처럼 보이도록 사이즈가 잘 맞는 인디고 블루의 셀비지 데님이 적당하다. 신발은? 제발 제대로 만들어진 맞춤 구두를 신자. 실은 첫 데이트 때 스니커즈는 적당하지 않다. 그녀가 당신을 게임 덕후라도 되는, 만년 구직자로 생각할 확률이 높으니까.

나이를 물어올 땐 숨기는 게 좋지만, 옷을 입을 땐 일곱 살에서 열 살 정도 젊게 입는 게 좋다. 만약 당신이 마흔다섯 살이라면, 바지를 고를 땐 자신을 서른 일곱 살 정도로 생각하라. 슈트를 입을 예정이라면, 핀스트라이프는 피하라. 자, 이건 영업 프레젠테이션이 아니라 데이트라는 것을 명심하자(여기에 '썸타는' 메시지로 가득한 냅킨에 손글씨로 적은 휴대전화 번호는 사무실 직통 번호가 새겨진

명함보다 백 배는 섹시하다는 사실 또한 기억하자).

집을 나서기 직전엔 전신 거울 앞에 서서 자신을 살펴보고 비판적인 시선으로 옷차림을 훑어본 후 질문하도록 한다. 바에 들어갔을 때 이런 당신을 만나게 된다면, 솔직히 집에 데려다주고 싶은가? 대답이 "아마도" 정도로 긍정적이라면, 택시를 잡을 준비가 된 거다.

자, 이제 조금 까다로운 주제, 말하기다. 영화 「크레이지, 스투피드, 러브」에서 고슬링의 명대사가 나오는데, 이건 정말 참고할 만하다. 오늘 대체 자신이 무엇을 하고 있는지 모르겠다는 한 여성의 말에 그는 이렇게 응수한다. "괜찮아요. 제가 알아요." 대사가 이어질수록 그의 대화법은 실로 매끄럽고 능청스럽고 또 세련됐다.

물론 그건 결정적으로 고슬링의 입에서 나왔기 때문이다. 당신의 입이 아니라. 배우나 허구의 인물, 록스타는 일반인에 비해 분명히 불공평한 이점을 지녔다는 점은 부인할 수 없는 사실이다. 그들의 명성은 실제로 한방의 효과를 불러오니, 오글거리는 말에 의지할 필요가 없다. 믿을 수 없다고? 여기 두 명의 검객에게 보장받은, 명백하게 검증된 대사를 들어보자.

로드 스튜어트Rod Stewart의 말이다. "안녕, 자기야. 그 핸드백에 뭐 들었어요?"(그는 실제로 레이철 헌터Rachel Hunter를 꼬실 때 이 표현을 썼다고 한다.) 다음은 믹 재거Mick Jagger. "안녕하세요, 전 믹이에요." 이 말은 실제로 믹 재거일 때 가장 효과적이겠지만.

어쨌거나 당신이 A급 슈퍼스타가 아니라면, 재미있고 유쾌하고 신사적으로 대담하게 다가가는 게 최선이다. 평범한 일반인이라 할지라도 연예인을 유혹하고 싶다면 말이다. 최근 도톰한 입술이 매력적인 슈퍼모델이자 배우 로지 헌팅턴 화이틀리Rosie Huntington-Whiteley와 점심을 함께한 적이 있는데, 그녀는 내게 (제이슨 스테이섬Jason Statham과 사귀기 전) 언젠가 바에서 자신의 검지에 콧수염 모양을 전략적으로(?) 문신한 어떤 남자에게 반할 뻔했다는 얘기를 들려주었다. 그녀가 저 멀리서 자신을 지켜보고 있다는 것을 눈치챘을 때, 이 잘생긴 남자는 문신한 손가락을 윗입술로 가져가 장난스럽게 흔들었다고. 그는 몰랐겠지만 이 빅토리아 시크릿Victoria Secret 에인절angel[13]은 그의 엉뚱한 모습에 거의 홀딱 넘어갈 뻔했다고 한다.

그런 의미에서 노련한 싱글은 당신에게 잉크나 말보다 더 중요한 것은 장소라고 말해줄 것이다. 어디에 있든(일할 때만 빼고), 남성성을 탑재하고 갈 일이다. 나이트클럽이나 칵테일 바와 같은, 대놓고 헌팅하는 장소는 당신이 20대라면 나쁘지 않은 곳이다. 하지만 연상녀들이나, 나이 있는 남성을 만나고 싶은 여자들은 주로 공원이나 슈퍼마켓, 영화관, 휴게소, 결혼식장, 중산층 가족의 식사 자리에 있다. 만남은 계산대 줄이나 정육점에서 여러 번의 시도로 이루어질 수도 있다("안녕, 자기. 카트 안에 담은 건 뭐예요?"). 초반의 만남에서 연락처를 교환하고 헤어졌다면, 몇 분 뒤 간결하고, 재미있고, 문법과 맞춤법이 정확한 메시지를 보내 다시 만나고 싶다고 말해보자. 단, 반드시 장소를 떠난 후여야 한다.

당신이 계산을 하고 이후 택시비까지 낼 저녁 데이트에서 그녀는 지성적이고 엉뚱한 매력을 동시에 가진 당신을 좋아하게 될 것이다. 세련되면서도 이런저런 이야기에 정보통인 느낌으로 어필하되, 그녀의 이야기를 매우 잘 경청하도록 하자. 성욕은 티 나지 않게 은밀히 내뿜어야 한다. 지나치게 간절해 보일 수 있으니 대놓고 추파를 던지는 일은 자제하자.

칭찬은 아껴 하되(그녀가 실로 예쁘다면 그런 칭찬은 수도 없이 들었을 것이다) 사려 깊고, 기억에 남고, 정말로 뿅 가게 할 만한 것으로 하는 게 좋겠다. 첫 번째 데이트라면, 무엇을 하든지 간에 절대로 그녀를 만져서는 안 된다. 대신 설령 짜증나고 바보 같아 보일지라도 그녀가 하는 모든 말에 집중하고 몰입해서 들어주어라. 공감하듯 고개를 끄덕여주고 애석하게 생각해주고 또 이해해주도록 하자. 설령 그녀가 당신의 일이나 개인적인 삶에 대해 질문 하나 하지 않더라도 첫 번째 데이트, 그러니까 저녁 시간을 내내 그렇게 보내는 건 충분히 가능한 일이다. 너무 놀라거나 불쾌감을 가져서는 안 될 것이다.

그렇다 하더라도 기회가 왔을 때 하룻밤을 함께 보내는 것이—진지하게 사귀고 아기를 가지는 것까지일지도 모르겠지만—당신이 그녀에게서 최종적으로 원하는 것임을 정확히 밝히자. 좋은 옷을 장만하고 아끼는 뉴발란스 스니커즈를 치워두고서 세 번의 값비싼 데이트에 투자한 당신이 상대방에게서 듣고자 하는 말이 고작 "우린 좋은 친구"는 아니지 않은가.

장비

모터사이클의 마법

세월을 뛰어넘어 사랑받는 영원한 매력의 모터사이클을 모아보았다.

글 도니 리틀Donnie Little

모터사이클에는 뭔가 특별한 것이 있다. 그 어떤 교통수단과도 다른, 시대를 초
월하는 우아함과 지위를 갖고 있기 때문인지, 한 팔에 헬멧을 낀 채 모터사이클
과 함께 등장하는 순간 이미 사람들의 눈도장을 확실히 찍었다고 볼 수 있다. 어
떤 눈도장인가 하는 것은 당신과 당신이 선택한 바이크에 달려 있다. 여기 모든
면에서 출중한 몇 가지 모델을 골라보았다.

제로 엔지니어링 타입 5 이보

무릎 위로 올라오는 미니멀한 디자인의 걸작인 제로 엔지니어링Zero Engineer-
ing 타입 5 이보는 일본의 맞춤 바이크 전문가인 신야 키무라의 수제 발명품이
다. 단단한 구스넥[14] 프레임과 1940년대 스타일의 스프링어 포크[15]를 사용해 만
든 이 제품은 '신뢰'의 또 다른 이름으로, 다른 바이커들은 물론 지나가는 사람들
의 눈길을 단번에 사로잡는 오라를 풍긴다.

노턴 코만도 961

노턴Norton은 힘과 회전력, 핸들링의 이상적인 결합체로 모든 주행을 다사다난 하게, 하지만 안전하게 만들어줄 것이다. 연료를 주입하기 위해 잠시 서 있기라 도 하면, 으레 야단법석한 주의를 끌 만큼 멋진 디자인과 위용, 고급스러움을 갖 췄다. 저명한 브랜드 이름과 핸들링, 성능, 신뢰도를 겸비한 쿨하고 복고적인 레 이싱을 원한다면, 이 제품이 적격이다.

혼다 XR650R

영화 「플레이스 비욘드 더 파인즈The Place Beyond the Pines」에서 라이언 고 슬링이 타며 증명한 바와 같이, 싱글 실린더의 듀얼 스포츠 바이크[16] 혼다Honda XR650R는 마치 진흙길을 내달리는 것이나 은행을 터는 것만큼 벅찬 행복함을 선사해준다. 물론 법을 잘 준수하는 우리 같은 사람들에겐 장거리 주행에 알맞 은 서스펜션이나 드높은 라이딩 포지션만으로도 일상적인 출퇴근에 가벼운 운 동이 되어줄 테지만.

베스파 SSI80

여러 차체 요소와 기름으로부터 라이더를 보호하는 이동식 디자인을 지닌 베스파Vespa는 모던한 도시를 가로지르는 가장 쿨한 방법이다. 우리가 고른 모델은 1964~1965년의 SSI80이다. 도시를 활기 넘치게 횡단할 만큼 기동력을 갖추면서 1960년대를 정의하는 베스파의 클래식한 라인을 잘 간직하고 있는 모델이다.

MV 오거스타 F4 1000 RR

가장 빠르고 가장 극적인 최신 바이크를 원하는 이들에겐 의심의 여지없이 MV 오거스타 F4 1000 RR를 추천한다. 200bhp[17]에 달하는 고급 엔진을 탑재한 이 제품은 당신의 기술과 온전한 정신을 시험할 만큼—물론 좋은 의미로—인정사정없는, 엄청나게 무시무시한 모터사이클임에 틀림없다.

혼다 CB750K

CB750K는 1960년대 말 처음 선보여진 제품이다. 각각 네 개의 실린더와 배기
장치, 8천5백rpm[18]과 프런트 디스크 브레이크[19]를 뽐내는데, 이런 사양은 보통
전문 레이서용으로만 알려졌기 때문에 더욱 혁명적으로 다가왔다. 그 결과는?
스타일리시하고 안전하며 기름이 새지 않는 내유형인 이 모델은 최초의 슈퍼바
이크로 인정받았다.

두카티 916

1994년 론칭한 두카티 916은 혁명을 불러일으켰다. 마시모 탐부리니Massimo
Tamburini가 디자인한 라인은 미래지향적이면서도 세월을 초월하는 매력을 지
녔다. 좌석 아래 설치한 배기장치와 한쪽에만 달린 스윙암[20]은 실용적이면서 아
름답다. 거대한 회전력과 절묘한 핸들링은 이 제품을 더욱 독특하게 만드는 특
징이다. 두카티 916은 지금도 여전히 우리를 흥분시키는 모터사이클로 통한다.

이야기

로브의 예술

우아하면서 동시에 실용적인 아이템의 상징인 나이트웨어에 대하여.

글 제프리 포돌스키Jeffrey Podolsky

나에게는 아버지로부터 물려받은 중요하고도 이야기 가득한 소장품이 여러 개
있다. 엄청난 양의 귀중한 파이프 컬렉션, 손잡이 부분에 진주 장식이 독특한 70
년 된 면도기, 『호밀밭의 파수꾼The Catcher in the Rye』초판, T. S. 엘리엇T. S.
Eliot의 『시 모음집Collected Poems』, 그리고 엘리엇과 W. H. 오든W. H. Aud-
en, 딜런 토머스Dylan Thomas, 테네시 윌리엄스Tennessee Williams의 60년
된 LP도 있다. 불면증에 시달렸던 아버지는 아마도 그의 목재 패널 서재에서 처
칠Winston Churchill이 즐겨 피우던 아바나 시가와 파이프 담배를 번갈아 피우
며, 아르마냐크Armagnac 브랜디를 홀짝거리며 밤새 이런 것들을 들었으리라.

 아버지가 물려준 더 이상 생산되지 않는 모든 옷들 가운데 내가 가장 찬양하
는 것은 로브 가운이다(멋진 옷감의 스리 피스 트위드 슈트도 그렇고. 이 슈트는
새빌 로Savile Row의 가장 유명한 양복점에서조차 다시 만들기는 어렵다고 한다).
이탈리아에서 구입한 이 가운은 짙은 버건디와 파란색 페이즐리 패턴에다 최고
급 실크로 만들어졌으며 1950년대 초반의 라벨이 아직 잘 달려 있다. "아비터
Arbiter, 로리 & 마리Lori & Mari, 비아 콘도티Via Condotti, 로마Rome". 여기
에 이탈리아에서 만든 제품이라는 "메이드 인 스폴레토Made in Spoleto" 표시
가 적혀 있다.

 아버지나 그 시대 남자들에게는 침대에서 나올 때 로브 가운을 걸치지 않는
다는 건 상상할 수도 없는 일이었다. 비단 추운 저녁때 체온을 따뜻하게 유지시
켜주는 실용적인 목적에서만 입었던 것은 아니다. 로브 가운은 그들의 옷장에
서 존재만으로도 무언의 우아함을 '담당'했다. 물론 가운을 걸치는 게 예의 바
른 옷차림이기도 하다. 입주 도우미 앞에서 파자마나 팬티 차림을 보여주고 싶

지 않거니와 또 그렇게 해서도 안 되니까 말이다. 아내나 애인, 혹은 아이들과 아침 인사를 하기 전 침대에서 이메일을 확인하지 않았던(혹은 확인하지 않아도 되었던) 덜 피곤한 시절, 로브 가운은 아침과 저녁 집에서 잠옷 위에 걸치는 시크하고 캐주얼한 드레스의 정수였다. 우리 아버지의 경우, 파란색 테두리가 있는 하얀 인도산 면 소재의 브룩스 브러더스Brooks Brothers 파자마를 입었다.

초저녁 이러한 옷으로 갈아입는 행위는 하루의 근무가 끝났음을, 따라서 벽난로 앞에서 책을 읽든 친구들에게 편지를 쓰든 휴식을 취할 시간이라는 것을 자신의 마음속에 알리는 일이었다.

로브 가운의 우아함과 실용성은 남자의 스타일과 옷차림에서 오랫동안 보지 못한 예술이 된 것만 같다. 대부분 옷과 액세서리에 심취해 있는 지금이야말로 로브 가운이 지닌 유전적인 뿌리를 되찾고, 이것이 그저 액세서리가 아니라 삶의 한 방식이라는 것을 깨달아야 할 때가 아닌지.

팬티 차림으로 신문을 줍기 위해 대문을 여는 건 생각만 해도 걱정되는 상황인 데다 이웃들에게는 당연히 더 소름 끼치는 광경일 수 있다. 배우 클라크 게이블Clark Gable이나 데이비드 니븐David Niven이 이미 영화 속에서 잘 보여주듯, 엄밀히 말해 내가 로브 가운을 입는 전통을 지켜온 것은 때로 사랑하는 사람을 위해서이기도 하지만 사실 언제나 내 개인적인 만족을 위한 것이었다. 대부분의 아침 홀로 눈을 뜨는 데다 이런 차림을 보여줄 이라곤 나의 반려견과 그녀가 낳은 강아지밖에 없지만, 하루를 시작하는 일과로 아버지의 가운을 입고 에스프레소를 마시며 신문을 읽고 있노라면 그 시간이 그렇게 좋을 수가 없다.

1973년 영화 「007 죽느냐 사느냐Live and Let Die」에서 로저 무어Roger Moore

톰 휴스

잘생기고 재능 있는 이 영국 출신 배우는 보여줄 것이 더 많다고 한다.

글 크리스 엘비지Chris Elvidge

(미스터 포터 시니어 카피라이터)

"진흙탕에 얼굴을 박았다니까요." 톰 휴스Tom Hughes가 영화 「아이 엠 솔져I Am Soldier」 촬영을 위한 SAS[21]에서의 트레이닝 이야기를 전하며 웃는다. 그는 영화 촬영 중에도 미스터 포터와의 인터뷰 약속을 지켰다.

작품성과 대중성 면에서 두루 호평받은 두 편의 작품에 출연하며 뜨겁게 주목받고 있는 영국 출신의 이 배우는 현재 어느 때보다 바쁜 나날을 보내고 있다. 그의 출연작 중 하나는 스티븐 폴리아코프Stephen Poliakoff 감독의 「댄싱 온 디 에지Dancing on the Edge」라는 BBC의 5부작 드라마로, 대공황 시절 런던에서 활동한 흑인 재즈 밴드 이야기를 다뤘다. 그 후 바로 이어진 작품은 앨프리드 히치콕Sir Alfred Hitchcock의 클래식 스릴러에 영감을 준 동명의 작품『사라진 여인The Lady Vanishes』의 풍성한 리메이크작. 여기서 맡은 역할들로 그가 세상에 알려진 건 사실이지만 성공은 예견된 일이었던 것 같다. 2010년 개봉한 「세머테리 정션Cemetery Junction」에 그를 처음으로 캐스팅한 리키 저베이스Ricky Gervais는 일전에 그에 대해 "리엄 갤러거Liam Gallagher와 리처드 애슈크로프트Richard Ashcroft, 그리고 제임스 딘James Dean의 영혼을 섞은 듯한 록스타이자 영화배우"라고 묘사한 바 있다.

런던의 저명한 왕립연극학교를 졸업한 그는 버버리Burberry 캠페인에 픽업되기 전까지 제자리를 잡을 시간조차 없었다. "모델 제의가 들어왔을 때는 연극학교를 졸업한 지 고작 6개월 정도 되었을 때였어요. 공식적으로 노출된 적도 없었던 거죠. 「세머테리 정션」도 나오기 전이었고, 찍은 것 중에 개봉된 것도 없었어요. 제 매니저가 이렇게 물어봤대요. '이 친구에 대해 어떻게 아세요? 이런 친구가 있다는 건 어떻게 아신 거죠?' 그들은 '그런 경로를 얘기해줄 수는 없어요'라고 대답했다고 하더라고요."

"제가 악마에게 영혼이라도 팔았나 봐요." 그가 활짝 웃으며 말한다. 혹 그게 명백한 사실이라 해도, 선망의 대상이 되는 그의 출중한 외모만 보더라도 이런 파우스트식 거래[22]는 불필요했을 것이다.

'모델 출신 배우'라는 꼬리표를 떼어내기 위해 그는 자신의 '모델 경험'을 재빨리 그냥 좋던 '경험'으로 정리했다. "패션은 제가 정말 잘 모르는 세계예요." 그가 말한다. "세상 물정을 몰랐고 뭘 하고 있는지 전혀 감 잡을 수가 없었어요. 거기에 더글러스Douglas Booth와 에마Emma Watson, 톰Tom Guinness이 있었는데, 전 그들이 하는 걸 그저 따라 하기만 했어요. 사진작가를 알지도 못했고요. 마리오 테스티노Mario Testino[23]가 누군지 왜 알아야 하는 거죠? 기타리스트는 아니잖아요. 그렇죠?"

패션 이야기에서 벗어나자 그의 수줍음도 순식간에 사라진다. 연기와 더불어 자신을 움직이는 것이자 자신의 인생에 큰 영향을 미친 음악에 대한 이야기가 나오자 더없이 열정적으로 말한다. "여섯 살 때부터 기타를 치기 시작했어요. 배우가 되고 싶다고 깨닫기도 전이었죠"라고 설명하더니 이렇게 덧붙인다. "그 둘은 늘 저와 함께했어요. 하나가 없이는, 다른 하나도 사그라져요. 생각해봤는데 그건 결국 이 둘이 같은 것에서 나와서인 것 같아요. 이야기를 들려주고픈 열망이요."

휴스의 인생에서 음악이 그토록 중요한 자리를 차지한다면, 그의 음악적 재능도 연기만큼 꽃피우길 기대해도 될까. "스튜디오에 들어갈까 생각하고 있어요." 그가 말한다. "머릿속에 막 150개가 넘는 노래들이 돌아다니는데, 그중 몇 개를 녹음하고 싶어졌거든요. 창작이라는 게 생각만 해서는 안 되잖아요. 실행에 옮기고 실제적인 결과물로 바꿔야죠."

데님 재킷

이 거칠고 미국적인 클래식 아이템은 영원하다.
여기 데님 재킷을 잘 입을 수 있는 여섯 가지 방식을 전수한다.

글 피터 헨더슨Peter Henderson
(미스터 포터 수석 패션 라이터)

데님 재킷의 매력은 생각보다 훨씬 강력하다. 실용적이고—가벼우면서 거친 매력이 있기도 하고, 따뜻하면서 통풍도 잘 된다—19세기 제노바Genova[24] 혹은 님Nîmes[25](당신이 어떤 어원을 따르느냐에 따라 다르지만)에서 유래되었으며 상징적인 소재로 만들어진다. 하지만 데님 재킷이 에지 있는 매력을 갖추며 언제나 우리 옷장에 머무는 힘을 갖게 된 데에는 문화적인 배경이 있다. 데님 재킷의 뿌리는 스타인벡John Steinbeck[26] 소설에서 찾아볼 수 있다. 실용적인 목적으로 발명된 이 재킷은 19세기와 20세기 초반 이를 즐겨 입던 미국의 목장 주인, 철도 노동자, 골드러시[27]의 광부 들과 자연스럽게 연결되며 고된 작업과 함께 세상의 소금과도 같은 사람들의 정직함을 대변해왔다. 그리고 수십 년이 흐른 뒤, 광고인들이 이 아이템을 모두가 선망하는 허구의 캐릭터인 말보로 맨Marlboro Man(데님 재킷을 자주 입었다)에 대입시켜 불멸의 아이콘이 되기에 이른다. 당시 여성용 담배의 이미지가 강했던 필터 담배는 말보로 맨 캐릭터를 통해 새로운 이미지로 거듭날 수 있었던 것이다. 20세기 중후반부터 데님 재킷은 아티스트와 비트 시대의 지성들,[28] 록스타, 펑크족, 바이커, 그리고 힙합 스타 들에게 사랑받으며 대중문화의 한 요소로 각인된다. 요즘 디자이너들은 본질은 유지하면서 옷장에 소장하고 싶은 욕구에 부합하는 품질 좋고, 마감 처리가 우수한 데님 재킷을 선보이고 있다.

1970년 영화 「리틀 파우스 앤드 빅 핼시Little Fauss and Big Halsy」속
로버트 레드퍼드Robert Redford

「리틀 파우스 앤드 빅 핼시」 촬영장에서 로버트 레드퍼드가 선보인 라이더와 카우보이를 섞은 듯한 스타일은 무심한 듯 맵시가 있다. 청청의 조합이 멋지다는 걸 증명해 보이기도 하면서.

2011년 LA에서 대니얼 크레이그Daniel Craig

2011년 로스앤젤레스의 거리에서 찍힌 대니얼 크레이그의 워크웨어[29]에서 영감 받은 캐주얼한 착장은 공들이지 않은 듯한 일상 룩으로 따라 해봄직하다. 주목할 것은 그의 데님 재킷이 청바지와 재킷 안에 받쳐 입은 헨리넥[30] 티셔츠보다 가벼워 보인다는 사실이다.

1940년 뉴욕 롱아일랜드 작업실에서 잭슨 폴록Jackson Pollock

빌렘 데 쿠닝Willem de Kooning, 잭슨 폴록과 같은 추상 표현주의 화가들은 데
님 재킷과 오버올[31] 팬츠를 비공식 유니폼처럼 즐겨 입었다. 예술가가 아니더라
도 옷에 적절하게 튄 물감 자국은 뭔가 특별한 분위기를 더해줄 것이다.

1976년 네덜란드 보르뷔르흐에서 자신의 밴드 웨일러스Wailers와
공연 중인 밥 말리Bob Marley

밥 말리는 공연할 때 데님 셔츠를 위에 걸치거나 데님 재킷을 즐겨 입었다. 거친
느낌을 주는 데님 재킷은 보헤미안 감성에도 꽤나 잘 어울린다.

1955년 한 농가의 울타리에 걸터앉은 빙 크로스비Bing Crosby

무대에서는 언제나 말끔한 맞춤 양복 차림이던 빙 크로스비지만 평상시 그가 가장 즐겨 입던 옷은 데님 재킷이었다. 1950년 그는 한 고급 호텔에서 데님 재킷을 입었다는 이유로 입장을 거절당한 적이 있는데, 이 사건을 계기로 리바이스 Levi's는 그를 위해 맞춤 데님 턱시도를 만들어주었다.

미스터 포터의 데님 재킷 가이드

1

데님 재킷과 청바지는 색상과 워싱이 각각 다르다면 함께 입어도 괜찮다. 일반적으로는 청바지 색이 재킷보다 어두워야 가장 보기 좋다.

2

모던한 프레피 룩을 위해선 옥스퍼드 셔츠와 슬림한 니트 타이를 착용하고, 블레이저 대신 데님 재킷을 걸쳐라.

3

겨울에는 카디건 대신 데님 재킷을 코트 아래 겹쳐 입어보아라. 데님 재킷의 깃을 세우면(위에 입는 코트의 깃은 세우지 말고) 마치 멘즈웨어 패션쇼에 참석하는 패션 에디터처럼 보일 것이다.

4

데님 재킷은 선천적으로 캐주얼한 옷이다. 그러니 옷을 입고 뻣뻣해 보여선 안될 일이다. 팔은 과감하게 접어 올리고, 거칠고 터프해 보이는 것을 두려워하지 말자. 만약 워싱이 안 된 생지 데님을 구입했다면 얼른 길들이는 게 좋겠다.

5

핏은 보디와 팔에 딱 맞아야 한다. 1980년대에는 넉넉한 데님 재킷이 유행이었지만 지금은 더 이상 아니다.

6

데님 재킷과 심플한 흰 티셔츠는 실패할 수 없는 안전한 조합이다.

마이클 헤이니

미국 『GQ』의 부편집장인 마이클 헤이니Michael Hainey가 뉴욕 아파트에서
자신의 회고록 『애프터 비지팅 프렌즈: 아들의 이야기After Visiting Friends:
A Son's Story』 속 흥미로운 가족 이야기를 들려주었다.

글 존 올트베드John Ortved

미국 『GQ』의 부편집장 마이클 헤이니가 죽은 아버지—『시카고 선 타임스Chica-
go Sun-Times』의 석간 기자였다—를 발견했을 때 그의 나이는 불과 여섯 살이
었다. 헤이니가 10년에 걸쳐 완성한 회고록 『애프터 비지팅 프렌즈: 아들의 이
야기』는 단지 한 개인의 감동적인 추억 이야기가 아니라 살면서 꼭 한 번 읽어볼
만한 책이다. 노련한 저널리스트가 아버지의 죽음이 있었던 그날 밤 일어난 일
을 정확히 밝혀내기 위해 의학 기록과 수사 기록, 오랜 친구들과 먼 친척에 대한
이야기를 조사해 기록한 책으로, 1960년대 시카고의 하드보일드한 신문기자의
삶 속으로 우리를 데려간다.
　우리는 헤이니와 그의 연인 부룩 컨디프Brooke Cundiff가 거주하는 편안하
고 스타일리시한 웨스트 빌리지 아파트에서 시와 속편, 그리고 좋은 기사의 힘
에 대한 이야기를 나눴다.

책이 드디어 완성되어 세상에 나왔네요. 이제 좀 홀가분하겠어요.
뭔가 해결되고 정리된 것 같네요. 우리 자식들은 모두 부모님의 '속편'이라 할 수
있잖아요. 부모님으로 인해 이 세상에 나왔지만, 우리의 이야기와 그들의 이야
기는 매우 긴밀하게 얽혀 있지요. 무슨 일이 있었는지 이제는 다 알아요. 하지만
그렇다고 해서 아버지에 대해 생각하지 않는 건 아니에요. '만약 아버지가 살아
계셨다면?' 하고 저 자신에게 묻곤 하거든요. 미스터리는 풀렸지만 그렇다고 해
서 상처가 영원히 낫는다고 생각하지는 않아요.

그냥 회고록이 아니잖아요. 일종의 미스터리이기도 하죠.

저는 항상 시인이 되고 싶었어요. 글을 쓰게 된 것도 그 때문이고요. 그래서 문장들이 좀 함축적이에요. 시는 우리 생각을 정리하는 법을 가르쳐주거든요. 하지만 미스터리라고 여긴 적은 없어요. 질문에 대한 해답을 찾기 위해서 책을 쓴 거거든요. 완성할 때까지 깨닫지 못했는데, 사람들이 피드백을 줄 때 미스터리물이라고 하더군요.

부모님의 첫 데이트에 대해 썼잖아요. 그때 어머니가 파란색 스커트에 노란색 캐미시어 카디건을 입고 계셨다고요. 이런 부분이 이 책을 생생하게 만들어주는 세심한 디테일이라고 생각해요. 이런 정보는 어떻게 알게 된 건가요?

그게 이 책의 중요한 핵심이에요. 있는 그대로를 전달해주는 거죠. 책은 저희 할머니가 "네가 모르는 이야기가 참 많단다"라고 말하는 장면으로 시작하는데요. 이야기 안에 이야기가 있고, 그 안에 또 다른 이야기가 있어요. 좋은 이야기들에는 디테일이 있죠. 저는 이 책에서 기억의 힘에 대해 경의를 표하고 싶기도 했어요. 사람들이 생생한 디테일을 매우 잘 기억하는 것에 대해서요. 그럼에도 불구하고 그들에게 물어보지 않는 한, 결코 알아낼 수 없죠.

어머니가 홀로 두 아이를 키우셨죠.

이 책으로 아버지를 찾으려 했던 건데, 도리어 어머니에 대해 더 잘 알게 됐어요. 어머니가 이 책의 영웅이세요. 하지만 사람들에겐 이미 누누이 얘기했어요. 어머니는 제 인생의 영웅이라고요. 아버지가 없는 사람은 학교에 저 하나뿐이었죠. 이웃 중에서 이혼한 사람들도 없었거든요. 아버지가 돌아가셨을 때 어머니는 불과 서른세 살이었다는 사실을 항상 잊어버려요. 그만큼 정말 강한 분이세요.

기자였던 아버지는 옷을 잘 입어야 한다고 강조하셨잖아요. 지금 당신은 『GQ』의 부편집장이고요. 저널리스트적인 성향 말고 옷 입는 것에 대해서도 물려받은 게 있다고 봐도 될까요?

할머니께서 그런 이야기를 하셨을 때 저도 정말 놀랐습니다. 아마 그렇게 보셔도 될 거예요. 할머니께서 말씀하시지 않았다면 결코 몰랐을 거고요.

뉴스 사업은 결코 전면에 나서는 법이 없죠. 당신 아버지와 그분의 친구들, 그리고 1960년대 시카고 신문들은 시내에 몰려 있었고요. 지금의 언론은 너무나 달라요. 훨씬 덜 뭉쳐다닌다고 해야 할까요.

그걸 지켜보는 사람은 누구나 "우와, 재미있는 시간이었겠다"라고 말할 거예요. 저도 그들이 가졌던 걸 경험해보고 싶었고요. 하지만 반 이상의 남자들이 술 마시고 담배를 피워댔고, 결국엔 그런 것들 때문에 60세를 넘기지 못했죠.

잡지 『스파이SPY』를 통해 언론에 데뷔했죠?

『스파이』는 가장 뛰어난 학교나 다름없었어요. 그레이든 카터Graydon Carter,[32] 커트 앤더슨Kurt Andersen,[33] 수전 모리슨Susan Morrison[34] 등과 같은 훌륭한 사람들을 알게 됐거든요. 당시 저를 포함, 어린 어시스턴트와 기자, 작가 들은 월급도 받지 못했어요. 시내에는 맥주 피처가 5천 원이나 하는 곳도 있었고요. 아무것도 없이 뉴욕에 온 저에게는 저만의 자리를 찾는 게 중요했어요. 지금은 좀 웃겨요. 스물다섯 살짜리들이 레드팜Redfarm[35]에서 저녁 먹는 얘기를 하는 걸 보면 이런 생각이 들죠. '이런 레스토랑에서 먹을 돈은 대체 어디서 나니?' '매일 아침 5천 원짜리 스타벅스Starbucks 커피를 사 마실 돈이 있다고?' 꼰대처럼 보이긴 싫지만 놀랍긴 하죠. 이제는 문화를 소비하는 시대인 것 같아요.

당신 책이 우리 동네 서점 스리 라이브스 & 컴퍼니Three Lives & Company의 정말 좋은 자리에 진열되어 있어요.

제 담당 편집자가 이 서점에 들러서 책에 사인을 해줄 수 있냐고 묻는 이메일을 보내왔어요. 저는 "물론이죠"라고 대답했죠. 브룩과 함께 서점에 가는데 모퉁이를 돌자마자 창문에 진열된 제 책이 보이는 거예요. 서점 주인인 토비Toby와 얘기하다가 눈물이 났죠. 저는 이렇게 말했어요. "이 책에 10년을 바치는 동안—제 작업실은 저쪽에 있었죠—늘 당신의 서점을 지나다녔어요. 그때마다 진열장을 바라보면서 생각했죠. '언젠가 내 책도 여기에 있을 거야'라고요."

어렸을 때—아버지가 35세가 되기 전에 돌아가셨으니까—자신이 일찍 죽을 수도 있다는 생각을 해봤나요?

네, 아홉 살인가 열 살 때 그런 생각을 했던 게 기억나네요. '가족을 가지는 게 무슨 의미가 있나? 사랑에 빠지는 게 무슨 소용인가? 결국 난 죽을 거고 사람들을 남겨두고 떠나게 될 텐데' 하고 말이에요. 어린 소년이 하기엔 좀 우울한 생각이죠. 그런데 서른셋, 서른넷, 서른다섯 살이 되면서 점점 다른 쪽으로 생각하게 되더라고요. 무엇을 하고 싶은지 진지하게 생각하고 찾아보자고요. 제가 아버지가 돌아가신 그 나이쯤 되니까 느닷없이 진실을 찾아야겠다는 욕망이 커지더라고요. 거기서 모든 게 합쳐진 거예요. 제가 아버지보다 더 오래 살 수 있을 거라곤 생각도 못 했어요.

책을 보면 당신은 개인적으로도 그렇고 직업적으로도 정말 깊게 파고들어 가는데요. 저널리스트로서 이 책을 읽다 보니 루이스 CKLouis CK³⁶를 보고 나서 코미디가 뭘까 하고 생각하는 거랑 비슷한 느낌이 들더라고요. 뭔가 모든 과정을 지켜보는 느낌이랄까요. 정말 깊숙이 파고들더라고요.

책이 사람들에게 깊이 공감되었던 건 제 마음이 이랬기 때문인 것 같아요. '모르겠어, 길을 잃었고, 혼란스러워.' 제 이야기는 사실 매우 개인적이면서 동시에 우리 모두의 이야기이기도 해요. 우리 모두 가족이 있고, 모든 가족에게는 한두 가지 혹은 여러 가지 비밀이 있게 마련이잖아요. 그리고 그에 대한 해답을 찾기 원하고요. 사람들의 마음을 움직이고 싶었어요. 이게 쉬운 일이 아니란 걸 독자들에게 보여주는 게 중요하다고 생각했죠. 제가 이룬 것을 사람들에게 보여줌으로써 영감을 주고 싶어요. 때로는 두려웠고, 의심과 공포가 고개를 드는 순간도 있었지만 어쨌든 계속 앞으로 나아갔습니다. 이건 저의 여정이지만, 당신의 여정이 될 수도 있어요.

그곳에 있었더라면

그 현장에 있었더라면 참으로 좋았을 열 개의 잊지 못할 스포츠 경기.

글 댄 데이비스Dan Davies
(『에스콰이어 위클리Esquire Weekly』 에디터)

정말 가보길 소원했던 스포츠 경기는 어떤 기준으로 골라야 할까? 먼저 경기 자체가 뛰어나야 하는 것은 당연하다. 많은 이들이 슈퍼볼이나 헤비급 타이틀 경기, 월드컵 결승전 티켓에 열을 올리는 이유는 경기 내용이 그만한 가치가 있기 때문이다. 만약 경기가 그것을 보기 위해 들인 노력과 에너지에 합당하지 않다면 집에서 텔레비전으로 보는 것보다 나을 게 없을 테니까.

이 목록을 준비하며 고려해본 요소들은—본질적으로 주관적인 의견이 들어갈 수밖에 없겠지만—다음과 같다. 우선 역사적으로 중요할 것, 그 경기로 인한 전후 영향력이 있을 것, 기존 능력의 한계치를 뛰어넘기 위한 선수의 의지가 강할 것, 그리고 가장 중요한 것은 결정적인 순간 손에 땀을 쥐게 하는 감동의 드라마가 있을 것.

스포츠는 한계를 초월하고 변화하며 영감을 주는 능력이 있다. 짧은 순간이지만 공동의 목적을 위해 사람들을 하나로 뭉치게 하기도 한다. 그런데 이런 특별한 경험을 하게 된 운 좋은 몇몇 사람들이 가장 중요하게 생각하는 건—스포츠 팬이라면 누구나 공감하겠지만—"나 거기 있었어"라고 자신 있게 말할 수 있는 만족감일 테다.

'스릴라 인 마닐라Thrilla in Manila'
무하마드 알리 vs 조 프레이저
1975년 10월 1일

1971년 뉴욕에서 조 프레이저Joe Frazier는 무하마드 알리Muhammad Ali를 상대로 첫 승리를 거머쥐었고 그로부터 3년 후 알리는 그에 대한 복수를 제대로 했다. 이 훌륭한 헤비급 선수 두 명이 필리핀 마닐라로부터 약 10킬로미터 떨어진 곳에서 마지막으로 맞붙은 경기는 단순한 세계 타이틀 매치가 아니었다. 미국의 스포츠 기자 제리 아이젠버그Jerry Izenberg에 따르면 "그 둘은 서로의 헤비급 챔피언 지위를 놓고 싸우고 있었다." 대조적인 스타일과 성향의 이 혈전에서 프레이저의 의도는 자신을 무자비하게 공격했던 상대를 침묵시키는 것이었다. 하지만 열네 번의 가혹한 라운드 끝에 그의 트레이너는 그가 더 이상은 못 버틸 것 같다고 선언했다. 그렇게 알리는 챔피언 트로피를 차지했지만 그 역시도 그날의 경기는 자신을 거의 죽음으로 몰았던 경기라고 회고했다.

프랭키 데토리의 '매그니피센트 세븐Magnificent Seven'
1996년 9월 28일

"처음에 각각 기회가 있었고, 세 번째에는 이길 수 있었어요." 영국 애스콧에서 열린 경주 당일 아침 이탈리아 출신의 기수 프랭키 데토리Frankie Dettori가 말했다. 두 번의 승리만으로 충분했을 텐데 일곱 번을 모두 승리하는 것은 불가능해 보였다. 이러한 의견은 데토리가 처음 세 번의 레이스를 이기고 있는 상황에서도 바뀌지 않았다. 그런데 그가 그다음 세 번도 모두 승리하자 마권업자들은 잠재적으로 감당하지 못할 손실에 직면하게 되었다. 그가 일곱 번째 경주를 이기고 돌아왔을 때, 베팅을 한 모두의 운명이 뒤집혔다.

멕시코 월드컵 결승전 — 브라질 vs 이탈리아
1970년 6월 21일

1970년 멕시코 월드컵은 지금까지 세계 역사상 가장 위대한 축구팀을 꽃피운 경기로 손꼽는다. 카를루스 아우베르투Carlos Alberto가 이끌고 펠레Pelé와 히벨리누Rivellino, 토스탕Tostão 같은 선수가 뛰었던 브라질 국가대표팀은 결승에서 이탈리아를 만났다. 당시 두 팀 모두 그들의 세 번째 월드컵 트로피를 위해 싸우는 경기였다. 펠레는 용수철 같은 점프에 이은 헤딩골로 게임의 포문을 열었다. 이탈리아는 후반전이 시작되기 전 동점골로 1대 1의 상황을 만들었으나 게르송Gérson, 자이르지뉴Jairzinho, 그리고 시대의 스트라이커 아우베르투의 절묘한 패스와 현란한 기술, 이어진 추가 골들로 인해 브라질에 4대 1로 대패하고 말았다.

개릿 맥나마라, 가장 거대한 파도타기로 기네스북 기록을 깨다
2013년 1월 28일

그날 포르투갈 리스본의 북쪽 나자레 해변의 날씨는 매우 나빴지만, 큰 파도에 강한 서퍼 개릿 맥나마라Garrett McNamara에게는 최상의 조건이었다. 강한 바람과 만조의 조합은 무시무시한 파도를 만들어냈다. 하와이 출신의 이 서퍼는 오전 8시 바다로 들어갔고, 긴 기다림 끝에 소용돌이 치는 안개가 걷혔다. 맥나마라는 두 번의 큰 파도를 목격했지만 그 뒤에 더욱 큰 세 번째 파도가 올 거라는 예감으로 일단 그 둘을 무시한다. 예상은 적중했다. "마치 거대한 산꼭대기에서 아래를 내려다보는 느낌이었어요." 30미터의 파도에서 서핑을 성공하며 기네스북 기록을 갈아치운 순간에 대해 그는 이렇게 회고했다.

볼티모어 콜츠 vs 뉴욕 자이언츠
1958년 12월 28일

1958년 연말, 6만4천 명의 관중이 지금까지도 최고의 미식축구 경기로 손꼽히
는 볼티모어 콜츠Voltimore Colts와 뉴욕 자이언츠New York Giants의 경기를
보기 위해 뉴욕 양키 스타디움에 모였다. 자이언츠는 두 번의 터치다운으로 17
대 14로 앞서나갔지만 7초를 남겨두고 들어간 스티브 마이아라Steve Myhra의
골은 경기를 연장전으로 몰고 갔다. 필드골을 이끈 전설의 쿼터백 조니 유니터
스Johnny Unitas의 플레이에 힘입어 앨런 아미치Alan Ameche가 엔드존에 들
어가면서 콜츠는 터치다운을 기록했고, 첫 NFL 챔피언십의 우승을 거머쥐게 된
다. 역대 최고의 경기로 불리는 이 격돌 이후 미국의 스포츠 문화는 완전히 바뀌
었다. 프로 풋볼이 미국 최고의 인기 스포츠로 급부상한 것이다.

영국 모터사이클 그랑프리
배 리 신 vs 케 니 로버츠
1979년 7월 14일

영국의 배리 신Barry Sheene과 미국의 케니 로버츠Kenny Roberts는 1979년 실버스톤Silverstone[37]에서 만나기 전 2년 동안 세계 타이틀을 겨뤘던 팽팽한 라이벌이었다. 초반엔 배리 신이 자신의 스즈키Suzuki로 선두를 달렸지만, 경주는 곧 야마하Yamaha를 몬 그의 천적인 로버츠와 함께 한바탕 치열한 레이스로 나아갔다. 앞서 나가던 신은 어느 순간 회심의 V자 사인을 선보이기도 했는데, 마지막 라운드의 결승선에 먼저 들어온 건 케니 로버츠였다. "우리는 진정한 경쟁자였죠." 이후 신이 암으로 세상을 떠난 2003년 로버츠는 한 인터뷰에서 이렇게 말했다. "전 그저 그에게 절대로 지고 싶지 않았어요. 그 역시도 저에 대해 같은 마음이었습니다."

바비 존스, 그랜드 슬램을 달성하다
1930년 9월 27일

대공황을 뒤로하고 미국 조지아주 출신의 아마추어 골퍼 바비 존스Bobby Jones가 전에 없던 위대한 업적을 달성했다. 그해에 열린 네 개의 메이저 골프 대회에서 모두 우승한 것이다. 그가 브리티시 아마추어 챔피언십과 디 오픈 챔피언십에서 우승했을 때 골프 역사상 가장 위대한 업적으로 묘사되었다. 미국 브로드웨이에서는 그의 귀국을 환영하는 행사까지 열렸을 정도다. 그 이후 50

대 1의 확률에도 불구하고 자신을 한계까지 몰아붙인 그는 US 오픈에 나가 우승을 차지한다. 뒤이은 US 아마추어 대회까지 우승하면서 그는 난공불락의 그랜드 슬램을 달성했다. 그 후 바비 존스는 스물여덟 살의 나이에 은퇴를 선언한다.

윔블던 남자 단식 결승
라파엘 나달 vs 로저 페더러
2008년 7월 6일

로저 페더러Roger Federer는 남자 최초로 윔블던 6연승을 달성하기 위해 애쓰고 있었다. 반면 라파엘 나달Rafael Nadal은 비에른 보리Björn Borg가 1980년 프랑스 오픈과 윔블던에서 연이어 우승한 이후 처음으로 두 경기 석권을 노리고 있었다. 런던의 올 잉글랜드 클럽에서 열린 지난 두 번의 결승에서 이 스위스 출신 라이벌에게 패했던 이력이 있는 나달은 세 번째 세트에서 비가 내리기 전까지 초반 두 세트를 이긴 상황이었다. 비가 그치고 다시 시작된 경기에서 페더러는 타이브레이크38를 이끌어냈고, 네 번째 세트에서도 같은 방식으로 두 개의 챔피언십 포인트를 획득한다. 하지만 결정적인 게임 스코어가 9대 7이 되면서 승리는 나달에게 돌아갔고, 총 4시간 48분 동안 진행된 경기는 윔블던 역사상 가장 긴 결승전으로 기록되고 있다.

바바리안스 vs 뉴질랜드 올 블랙스
1973년 1월 27일

브리티시 앤드 아이리시 라이온스British and Irish Lions가 뉴질랜드 테스트 시리즈[39]에서 올 블랙스All Blacks를 이긴 첫 원정팀이 되고 나서 2년이 흘렀지만, 남반구 출신의 이 전설적인 럭비팀의 기량은 여전했다. 1973년 영국 투어의 스물두 개 경기에서 오직 세 경기만을 패했을 뿐, 그들은 웨일스, 스코틀랜드, 잉글랜드, 아일랜드를 상대로 하는 모든 경기에서 거의 무적이었다. 그리고 웨일스의 카디프 암스 파크 경기장에서 뉴질랜드와 영국은 다시 만났다. 게임 시작 몇 분 만에 영국팀은 23대 11로 경기를 종료시켰다. 웨일스 출신의 플라이 하프[40] 선수 필 베넷Phil Bennett이 공을 품에 안고 날렵하게 공격을 피한 뒤 필드를 휩쓴 이 움직임은 럭비 역사상 가장 훌륭한 플레이로 기억되고 있다. 그 결과 개러스 에드워즈Gareth Edwards가 득점을 하고 영국팀은 뉴질랜드를 상대로 또 한 차례의 승리를 거두게 된다.

베를린 올림픽의 제시 오언스
1936년 8월 3, 4일

1936년 8월 3일 베를린. 미국 출신의 22세 육상 선수 제시 오언스Jesse Owens는 올림픽 100미터 달리기 결승전에서 우승하며 아돌프 히틀러Adolf Hitler의 아리아 인종 우월주의를 조롱했다. 다음 날 그는 멀리뛰기 종목에서도 금메달을 획득하고, 독일의 희망이었던 루츠 롱Luz Long과 함께 승리의 세레모니를 펼쳤다.[41] 나치 정권하에도 불구하고 200미터, 4x100미터 릴레이에서 금메달을 딴 오언스는 당시 어디를 가든 독일인들의 공격을 받았다고 한다. "히틀러 사상 때문에 저는 그때 버스 앞자리에도 앉지 못했어요." 미국에 돌아온 그가 훗날 말했다. "뒷문으로 다녀야 했고 히틀러와 악수를 나누는 자리에도 초대받지 못했죠. 그런데 사실 백악관에 가서 대통령과 악수하는 행사가 있었는데 거기조차 초대받지 못했어요."

룩

사 이 먼 페 그

영국 출신의 배우 사이먼 페그Simon Pegg가 영화 「스타트렉 다크니스
Star Trek Into Darkness」 이후 「지구가 끝장 나는 날The World's End」을
다음 작품으로 용감하게 선택한 이유를 말한다.

글 앨릭스 빌름스

자, 먼저 그가 우리에게 이걸 바랄지도 모르니 여기에 미리 얘기해둔다. 도덕적
으로 부적절한 행동에 대한 자기 고백이나 연예인스러운(?) 히스테리, 혹은 배
우라면 가지고 있을 법한 가식이나 허세 같은 것은 다른 셀러브리티 인터뷰에
서 찾아보길 바란다. 안타깝게도(?) 사이먼 페그는 이미 잘 알려진 대로 정말로
괜찮은 사람이다. 스마트하고 재미있으면서 현실 감각도 뛰어나고, 겸손한 '척'
이 아닌 진심으로 자신을 낮출 줄 아는 자세를 갖춘 데다, 무려 세 편의 할리우드
블록버스터 시리즈—「스타트렉」, 「미션 임파서블Mission: Impossible」, 그리고
「틴틴Tin Tin」—에 주역으로 등장한 바 있다. 아, 그리고 그의 이름이 크레디트
에 지속적으로 등장하는 영화가 한 편 더 있다. 어느덧 시리즈물이 된 애니메이
션 「아이스 에이지Ice Age」에서 그는 외눈박이 족제비 역의 목소리를 연기했다.
  이것들은 모두 그가 본업에 매진하지 않을 때 그를 바쁘게 움직이도록 한 조
연의 역할이다. 사실 페그는 「새벽의 황당한 저주Shaun of the Dead」(런던 북
부를 강타한 좀비 이야기), 「뜨거운 녀석들Hot Fuzz」(영국 시골에서 활약하는 경
찰들의 이야기), 「지구가 끝장 나는 날」(지방 술집을 순례하던 친구들이 갑자기 종
말론적 위기를 맞닥뜨리는 내용)과 같은 매력적이고 웃기며 잔인하기도 한 코미
디물—페그와 에드거 라이트Edgar Wright 감독은 이 세 작품을 일컬어 '코르네
토 삼부작Cornetto Trilogy'[42]이라 부른다—의 공동 각본가 겸 배우다.
  자신의 프로젝트를 시작하기 전인 2013년, 그는 「스타트렉 다크니스」 시리
즈에서 괴짜 기관장 스코티 역을 두 번째로 맡으며 다시 한 번 스타플리트Star-

fleet[43]호에 탑승했다. 세계적인 감독 J. J. 에이브럼스J. J. Abrams가 2009년 대히트를 친 작품의 후속작인 「스타트렉 다크니스」는 기존의 살짝 정신없었던 캐릭터와 시나리오에 대담무쌍한 활기를 불어넣었다. 2013년 「스타트렉」 시리즈를 진두지휘하는 동안, 에이브럼스 감독은 전설적인 「스타워즈Star Wars」 시리즈의 일곱 번째 편 감독으로 선정되기도 했다.

「스타워즈」야말로 사실 사이먼 페그와는 떼려야 뗄 수 없는 작품이다. 그는 채널 4에서 방영된 코미디물 「스페이스드Spaced」의 주연 배우이자 공동 제작자였는데, 이 작품에서 그가 맡은 역할은 실제 본인과도 크게 다르지 않은 '스타워즈 광' 캐릭터였기 때문이다. 사실 페그의 졸업 논문이, 알려진 것처럼 특별히 「스타워즈」에 대한 것은 아니다. 이에 대한 그의 설명은 이렇다. "1970년대 대중 영화가 미치는 사회적인 영향에 관한 것이었어요. 여기에 당연히 「스타워즈」 얘기가 포함될 수밖에 없었던 거죠."

그러니까 이 말은 그가 「스타트렉」과 「스타워즈」의 영향력과 중요성에 대해 지적으로 언급할 수 있는 위치에 있었고, 여기에 '유아적인 사회'를 거론한 보드리야르Jean Baudrillard의 이론을 예로 들었단 얘기이며, 동시에 이 두 거대한 시리즈에 워낙 큰 관심이 있었다는 걸 의미한다. 다음의 이야기가 이를 증명한다. "에이브럼스 감독이 「스타워즈」의 다음 시리즈를 맡았다고 들었을 때 제 반응은 이거였어요. '그렇다고 「스타트렉」을 잊지는 않을 거죠?' 그는 이렇게 답했죠. '절대!' 저는 그를 무조건적으로 믿어요. 감독으로서도, 인간으로서도 그를 사랑하기 때문에 그 신나는 소식을 들었을 때 진심으로 기뻤어요. 그리고 예전 배우들이 다시 등장한다는 소식은…… 아시죠? 해리슨 포드Harrison Ford(한 솔로 역), 마크 해밀Mark Hamill(루크 스카이워커 역)이 나온다면 우리가 항상 원하던 「스타워즈」의 후속작이 되지 않을까 싶었죠. 예전에 나왔던 그 영혼 없는 에피소드들만 생각하면……." 그가 말끝을 흐렸다. 여전히 그는 조지 루카스 George Lucas가 만들었던 「스타워즈: 에피소드 1 - 보이지 않는 위험Star Wars: Episode 1 - The Phantom Menace」과 뒤이은 졸작들을 마치 어제 처음 본 것처럼 화가 나 있었다.

SF물에 대한 그의 열정은 따지고 보면 예견된 것이었다. 미스터리한 우주적 사건들 덕분에 전형적인 공상과학 마니아가 된 그는 남부 시골 마을 출신—아버지는 재즈 뮤지션이었고, 어머니는 공무원이었다—에서 할리우드로 거처를 옮겨간다. 실제로 그에게 할리우드가 매우 잘 어울려 이곳 사람들은 그를 동향인으로 착각하기도 한다.

페그가 본인의 자서전 제목을 『괴짜들이 잘해요Nerd Do Well』라고 지은 걸 보면, 그는 딱히 사람들이 자신에 대해 갖는 이미지를 바꿀 생각이 없는 것처럼 보인다. 그럼에도 나는 그의 이야기를 읽으며 여전히 환원적이라고 느꼈다. 그는 작가이자 배우로서 충분한 경력을 쌓으며 직업적으로 성공했다. 그럼에도 그는 왜 블록버스터에 출연하는 동료 미국 배우들만큼 유명인의 권리를 행사하지 않는 걸까?

"그냥 모든 사건의 모순점이 제게는 통하지 않아서인 것 같아요." 그는 우주의 남자였던 자신이 엄청나게 운 좋은 덕후였다고 설명한다. "저는 냉소하지 않고 인생을 즐기기 위해 모든 것을 일곱 살의 시점에서 보려고 해요. 만약 일곱 살인 제가 「스타트렉」에 출연한다는 걸 알게 됐다면 어땠을까요? 어안이 벙벙하게 깜짝 놀라고 기뻐했겠죠. 정말 많은 사람들이 멋지게 연기하려고 하고, 주어진 역할을 당연하게 받아들여요. 그런데 전 제가 정말 사랑하는 일을 하고 있잖아요. 그러니까 이게 당연한 일이라고 생각하고 싶지는 않아요."

그는 2005년 음반 업계의 신인 발굴 담당자였던 모린 맥캔Maureen McCann과 결혼해 어린 딸 마틸다Matilda를 두고 있다. 런던 교외에 거주하는 그는 본인의 유명세로 인해 어떠한 영향도 받지 않는 듯했다. 유명인들의 삐딱한 행동에 사로잡힌 이 세계 속에서 페그는 단호하게도 균형 잡힌 삶을 살고 있다. 어째서, 왜 그는 더 무례하지 않은 걸까.

"딱 맞는 명언이 하나 있어요. 「오버나이트Overnight」라는 하룻밤 사이에 생긴 성공에 관한 다큐멘터리 끝부분에 이런 얘기가 나와요. '명성이 당신을 재수 없는 인간으로 만드는 게 아니라 원래 막돼먹은 재수덩어리였던 당신을 그저 불러내는 거다(Fame doesn't turn you into an arsehole, it just brings out the arsehole you always were).' 전 실제로 많은 유명인들이 점점 재수없는 인간이 되는 걸 봤어요. 주변에서 너무 잘 대해주니까요. 그런데 이건 단순히 우리가 어떤 상품의 얼굴이기 때문에 그러는 거거든요. 그러니까 일정에 절대 늦어선 안 되고, 상대가 기대한 모습을 보여주는 것이 매우 중요해요. 그렇게 하지 않으면 누군가가 우리 때문에 돈을 잃게 되는 거잖아요. 그래서 우리가 지속적인 관리를 받는 거예요. 그런데 만약 누군가가 원래부터 이런 대우를 받을 만한 사람이라고 스스로 믿기 시작하면 정말 재수없는 인간으로 변하는 거예요. 제 주위에는 다행히 제가 바보가 될 것 같으면 솔직하게 충고해줄 사람들이 충분히 있어요."

페그는 다른 것들과 마찬가지로 이 부분에서 대해서도 확고했다. 그는 모든 것들에 모든 가능한 이론을 댈 수 있는 수준 높고 재미있는 달변가이기도 하고 온화한 호언장담가이기도 하다.

그에 따르면 치명적인 연예인 문화는 홈 비디오 카메라 때문에 생긴 것이라고 한다. "기술의 발달은 텔레비전에 등장하는 사람들에 대한 환상을 깨뜨려버렸어요. 그러니 유명인들의 우아하거나 모범적인 매너 역시 사라지기 시작한 거죠." 그는 이 산업에 대해 비판하는 것에 머물지 않고 개인적인 프로젝트를 통해 치유 방법을 제시하고 있다.

미국풍 영화를 오마주로 삼았던 그의 전작들과 달리 이번 영화 「지구가 끝장나는 날」은 존 윈덤John Wyndham의 독특한 1950년대 고전으로 평가받는 『트리피드의 날The Day of Triffids』과 『미드위치의 뻐꾸기The Midwich Cuckoos』 등 두 편의 영국 공상과학 소설을 기반으로 했다. 영화는 40대 초반의 옛 친구들이 20년 만에 다시 모여 영국 소도시의 전설적인 맥주집을 돌아다니던 젊은 시절을 다시 경험하는 내용이다. 영화에는 사이먼 페그와 그의 콤비 닉 프로스트Nick Frost, 그리고 패디 콘시딘Paddy Considine, 마틴 프리먼Martin Freeman, 에디 마산Eddie Marsan, 로저먼드 파이크Rosamund Pike가 출연한다.

"이 프로젝트는 에드거와 이야기하다가 시작됐는데, 다시 돌아간 고향이 떠나올 때와는 다른 모습이 되어 있는 것에 대한 얘기였어요. 영화는 남자들의 우정과 성장, 그리고 나이 듦에 대해 말하죠. 우리가 만든 영화 중 가장 진지한 작품일 거예요. 하지만 동시에 가장 웃기고 재미있는 영화라고 생각해요. 정말 바보 같은 장면들도 있거든요."

그 와중에도 페그는 정말 바쁜 나날을 보내고 있다. 2013년 그는 미국의 TV 범죄 시리즈물인 「로스트 엔젤스Lost Angels」에서 1940년대 LA의 유대인 스탠드업 코미디언 역을 맡았다. 그리고 영화 「꾸뻬씨의 행복여행Hector and the Search for Happiness」에서도 로저먼드 파이크와 함께 주연으로 활약한다.

그는 '뭐든지 잘하는 괴짜'라는 애칭을 떨쳐버리려고 애쓰는 것 같지는 않아 보인다. "네, 맞아요. 전 제가 갖고 있는 모든 것에 감사해요. 그것이 제가 만드는 모든 것의 근간이 됐거든요. 그리고 그게 저의 명함이기도 하고, J. J. 에이브럼스나 스필버그Steven Spielberg, 존 랜디스John Landis 같은 대감독들과 만날 수 있는 기회를 주기도 하니까요. 그분들과 함께 일할 수 있다는 것 자체가 행운이라고 생각해요. 자라면서 정말 많은 영감을 주셨던 분들이거든요."

그렇게 글로스터셔 출신의 대중문화 덕후는 그 누구도 가지 않은 자기만의 길을 대담히 개척하고 있다. 그에게 진심 어린 행운을 빈다.

화 려 한 셔 츠

트로피컬 프린트 셔츠가
다시 유행하는 일곱 가지 이유에 대하여.

글 피터 헨더슨

강렬한 프린트 셔츠가 부활했다. 그렇다, 화려한 셔츠가 돌아온 것이다. 그런데 잠깐, 피냐 콜라다를 주문하고 수영장에 들어가기 전 몇 가지 기억해야 할 사항이 있다. 삼촌이 입은 카리브해 크루즈 룩이나 1980년대 하와이를 배경으로 한 범죄 드라마 「매그넘, P.I. Magnum, P.I. 」의 주인공 톰 셀릭Tom Selleck 같은 지저분한 모습은 떠올리지 않았으면 한다. 강렬한 셔츠가 돌아온 건 맞지만, 그렇다고 취향이 촌스러운 것은 아니니까. 우선 홀딱 벗은 훌라걸들이 프린트된 셔츠는 멀리하자. 지도나 리조트 이름이 찍혀 있는 것도, 번쩍거리는 실크 소재의 프린트 셔츠도 매력적이지 않은 건 마찬가지다. 여기서 말하는 셔츠란, 잘 재단되어 완성도 있게 만들어진 옷감 위에 혁신적인 패턴을 프린트한 셔츠다.

미 스 터 포 터 의 화 려 한 셔 츠 고 르 기 가 이 드

1

진심으로 튀고 싶은 준비가 되지 않은 이상, 대담한 패턴의 셔츠를 입을 때 나머지 룩은 상대적으로 간소해야 한다. 단색의 심플한 형태에 화려한 프린트를 매치하자. 최소한의 디테일을 가진 면바지와 구조적이지 않은 편안한 블레이저, 청바지가 잘 어울린다.

이런 셔츠들은 대부분 바지 밖으로 빼 입어야 가장 멋있게 보인다. 하지만 포멀한 디자인이라면 잘 재단된 바지 안에 넣어 입자. 더욱 샤프하고도 모즈[44]에서 영감받은 듯한 룩을 연출해준다.

마찬가지로 셔츠가 각 잡힌 칼라와 큰 커프스가 달린 포멀한 스타일이 아닌 이상, 타이는 생략하는 게 좋다. 굳이 맨다면 슬림하고 어두운 색깔의 니트나 우븐 타이를 추천한다. 일반적인 실크 타이는 생동감 있는 패턴에 비해 광택이 너무 강해 보이기 때문이다.

분위기를 조금 더 차분하게 하고 싶다면 셔츠를 스웨터 아래 받쳐 입는 방법이 있다. 칼라와 커프스 정도만 보이게 연출하라.

매일이 "알로하 프라이데이Aloha Fridays!"[45]인 하와이에 사는 게 아니라면, 가장 화려한 프린트 셔츠는 업무 시간이 아닌 한가한 때만 꺼내 입어라.

선명하고 밝은 셔츠는 창백할 정도로 하얀 피부와 허리에 출렁거리는 지방을 달고 사는 사람들에게는 그다지 어울리지 않는다는 것을 명심하자.

문양이 얼마나 화려하든지 간에 이러한 셔츠를 입을 땐 명랑하고 유쾌한 애티튜드를 보여주는 게 필수다.

1991년 캘리포니아에서 휴식을 취하는 찰리 신Charlie Sheen

에이셉 로키

백만 장 이상의 앨범 판매를 기록하는 힙합 아티스트 에이셉 로키A$AP Rocky가
미스터 포터와의 독점 인터뷰에서 자신을 아낌없이 드러냈다.

글 맨셀 플레처Mansel Fletcher
(미스터 포터 피처 에디터)

할렘가의 거친 길거리부터 뉴욕 패션 위크 런웨이 쇼의 프런트 로⁴⁶까지는 불과
얼마 되지 않는 거리지만, 그 여정을 거쳐간 래퍼는 극소수다. 그중에서도 에
이셉 로키는 자신의 성공적인 데뷔 앨범 《롱.라이브.에이셉Long.Live.A$AP》
을 출시하기도 전에 이미 그것을 해냈다. 2013년 1월 파리 패션 위크에 영국
디자이너 숀 샘슨Shaun Samson의 옷을 입고 나타난 그는 타이틀곡의 가사 "I
thought I'd probably die in prison(난 내가 감옥에서 죽을지도 모른다고 생각
했어)"에 영감을 준 어린 시절부터 먼 길을 걸어온 사람이라는 인상을 심어준다.

그를 만나보면 알겠지만, 만약 힙합의 문화적 빈민성을 초월한 래퍼가 있
다면—과거 거리에서 마약 거래를 한 것을 인정했다는 사실에도 불구하고—그
건 틀림없이 에이셉 로키일 거라는 생각이 확고해진다. 상당수 래퍼들은 한 단
계 더 도약하기 위해 성공을 충분히 즐기긴 하지만 사실 그 기회를 잡는 건 아주
극소수다. 하지만 에이셉의 설명은 단순 명료하다. "전 거리가 저의 현실임을 깨
달았어요. 그리고 저의 또 다른 집을 만들고 싶었죠. 그래서 밝고 긍정적인 것들
을 하기 시작했어요. 어떤 사람들은 벗어나기 위해 저처럼 하기도 하지만, 어떤
이들은 현재에 머무는 것에 만족하죠. 하지만 평생을 나쁜 궁지나 환경에 처박
혀 있는 건 정말 멍청한 짓이에요. 그래도 전 복 받은 거라고 생각해요. 제 출신
과 제가 거쳐온 모든 것들을 잘 알고 있으니까요."

그가 말하는 '모든 것'엔 가족의 두 가지 비극도 포함된다. 하나는 에이셉의 형
리키Ricky의 죽음이다. "형은 갱스터 집단 '블러드Blood'의 멤버였는데 살해당

했어요. 사실 전 어려서부터 형처럼 되고 싶었는데 형이 길거리에서 그렇게 죽는 걸 보고 나서 그곳은 내가 집으로 삼을 만한 곳이 아니라는 걸 깨달았죠." 그가 회고한다. 형이 그에게 영감을 준 것은 그뿐만이 아니었다. 랩을 알려주면서 지금의 그를 이끌어준 것 역시 형이었다. "형은 힙합 음악 팬이었어요. 제가 여덟 살 때 형이 처음으로 랩을 만들어줬어요. 형이 테이블을 쳐가며 비트를 만들고 제가 그에 맞춰 랩을 시작했는데, 계속 해보라고 용기를 북돋아 주곤 했죠." 그리고 최근 그는 아버지를 잃었다. "아버지는 2012년에 돌아가셨어요. 아직 극복하는 중이에요. 너무 슬퍼서 울 수조차 없었죠. 금요일에 급성폐렴에 걸리셨는데 일요일에 돌아가셨거든요. 너무 갑작스럽잖아요. 그래도 아버지는 적어도 제가 이 일을 하는 걸 보고 가셔서 다행이에요." 에이셉의 아버지 역시 랩 음악의 팬이었다. 에이셉의 본명은 라킴 메이어Rakim Mayer. 이 기독교식 이름은 1980년대 래퍼 에릭 B. & 라킴Eric B. & Rakim의 앨범《페이드 인 풀Paid in Full》과 〈에릭 B.는 대통령이다Eric B. is President〉라는 곡에서 영감을 받아 지어졌다.

에이셉이 성공한 그 중심엔 그의 범 미국적 음악이 자리 잡고 있다. 뉴욕 브롱크스의 공원에서 처음 등장한 이래, 힙합은 언제나 광적인 지역성을 띠었다. 1980년대에는 뉴욕의 다섯 개 자치구 래퍼들이 이 문화의 기원을 두고 싸움을 벌이기까지 했다. 1990년대 미국 동부와 서부 래퍼들 간의 치열했던 경쟁은 결국 동부 힙합을 이끈 노토리어스 B.I.G.The Notorious B.I.G.의 비기 스몰스Biggie Smalls와 서부 투팍2pac의 투팍 샤커Tupac Shakur를 죽음으로 내몰았다. 하지만 에이셉은 취향과 음악 면에서 이들과는 다른 길을 걷고 있고, 오히려 힙합 문화 전체를 아우른다. 영향을 받은 음악에 대해 질문하면 남부 출신의 게토 보이스Geto Boys와 스리 6 마피아Three 6 Mafia, 그리고 중서부의 본 석스 앤 하모니Bone Thugs-N-Harmony, LA의 닥터 드레Dr. Dre, 그리고 뉴욕의 러프 라이더스Ruff Ryders의 음반을 거론하는 식이다. 그의 대표곡 〈퍼플 스왜그Purple Swag〉의 몽환적인 분위기를 떠올리면 특정한 지역을 꼽기 힘든, 범 미국적 취향을 이해할 수 있다. 이는 인터넷이 사람들로 하여금 지역적 편향성과 한계를 벗어나 음악의 다양성을 추구하도록 한 결과일 수도 있지만, 에이셉과 그의 친구이자 협업자인 에이셉 얌스A$AP Yams[47]에 대한 『뉴욕 타임스The New York Times』의 기사처럼 심혈을 기울인 마케팅의 결과일 수도 있다. 나의 개인적인 의견은 그가 언급했듯, 서부와 남부의 음악을 즐기는 이 뉴욕 래퍼의 이단적인 스타일, 즉 에이셉 로키의 융통성 있는 접근 방식에 따라 전자에 더 가깝다고 하겠다. "미국 전역의 음악을 모두 듣는 게 틀린 건지 전 잘 모르겠어요." 그가 말한다. "형이 그랬고, 그래서 저도 자연스럽게 따랐거든요." 그의 직업을 생각하면 에이셉의 의상 취향 역시 조금 독특하다. 2011년 8월 발표한 곡 〈페소Peso〉에서 에이셉은 "Raf Simons, Rick Owens, usually what I'm dressed in(나는 라프 시몬스, 릭 오언스를 즐겨 입지)"라는 가사로 본인의 취향을 밝혔다. 이 가사는 스타일에 있어서 그의 세련된 취향을 즉각적으로 드러내는 부분이다. 그의 남다른 스타일은 2005년으로 거슬러 올라간다. "여덟 살 때부터 패션에 관심을 가지기 시작했어요. 당시엔 토미 힐피거Tommy Hilfiger, 노티카Nautica, 랄프 로렌Ralph Lauren 같은 브랜드를 좋아했죠. 그런데 2005년부터는 존 리치몬드John Richmond의 청바지를 입기 시작했어요. 그때 프라다, 돌체 & 가바나Dolce & Gabbana에 빠져서 타이트한 청바지도 입기 시작했고요. 모델이 되고 싶었거든요. 캘빈 클라인Calvin Klein에서 프리랜서 모델을 하기도 했어요. 그래서 패션과 가까워진 것 같아요."

에이셉은 질 샌더Jil Sander, 발렌시아가Balenciaga, 준야 와타나베Junya Watanabe의 옷을 입고 미스터 포터 촬영 현장에 도착했다. 하지만 랩의 테두리를 넘어서 본인의 패션 브랜드를 만들 생각은 없다고 말한다. "제 유명세를 이용해 패션 산업을 어지럽히는 건 무례한 행동이라고 생각해요. 디자인, 스케치, 소재를 배우기 위해 패션 스쿨에 다닌 적도 없잖아요. 전 그냥 패션을 즐겨요. 소비자일 뿐이죠." 힙합 세계의 마초적인 성질을 염두에 두고, 나는 에이셉의 패션에 대한 관심과 타이트한 바지 스타일이 사람들로 하여금 그의 남성성에 대해 질문하도록 만든 건 아닌지 간접적으로 돌려 물었다. 그는 직설적으로 답했다. "사람들은 가끔 제가 게이라고 하는데 제 주변엔 여자가 많아요. 그러니까 그런 말에 신경 쓸 필요도 없죠. 아무렇지도 않아요. 사람들이 왜 그런 말을 하는지 아세요? '구리다', '못생겼다', '가사가 형편없다' 같은 말들을 대놓고 못 하니까 대신 게이라고 하는 거예요. 뭐라고 딱히 말할 수 있는 게 없으니까요." 에이셉이 멀리하는 것 중 또 하나는 번쩍거리는 것들이다. 그 역시 좋은 시계를 갖고 있지만 단지 그뿐이다. "롤렉스를 가지고 있지만 다이아몬드는 없어요. 래퍼들은 본인의 모자란 패션 감각을 감추기 위해서 다이아몬드를 걸치죠. 저는 귀도 뚫지 않았어요. 그냥 그런 취향이 아니에요. 너무 과하다고 생각해요." 자동차 취향 역시 독특하다. "전 빈티지 차를 좋아해요. 제 〈골디Goldie〉 뮤직비디오에는 재규어Jaguar E-타입이 나오죠." 그는 이런 취향이 자신의 크루인 에이셉 몹의 매력을 보여주는 부분이라고 생각한다. "저는 사람들이 생각하는 일반적인 래퍼가 아니에요. 서그thug[48]지만 하이 패션을 좋아하는 우리가 이상해 보일 수도 있는데, 사실 사람들은 그런 걸 좋아하잖아요."

레이스 임보덴

올림픽 출전 펜싱 선수가 패션이 스포츠 경기의 압박감에
완벽한 장막이 돼주는 이유에 대해 말한다.

글 윌리엄 반 미터William Van Meter

"펜싱에서 느끼는 압박감은 온전히 자신만의 것이에요." 올림픽 펜싱 선수 출신
이자 패션 모델로 활약 중인 레이스 임보덴Race Imboden이 말한다. "모든 건
정신력 싸움이에요. 뭘 어떻게 할지 정확하게 생각해내지 못하면 게임에서 지
는 거죠. 그런데 모델 일은 상대방이 요청하는 걸 잘 알아듣고 하라는 대로 하면
되는 거더라고요. 저에겐 사실 신선한 변화예요."

안쪽 팔에 눈에 띄는 올림픽 오륜기 문신을 새긴 이 선수는 길거리 캐스팅을
통해 모델 일을 시작한 케이스는 아니다. 리퀘스트 모델 매니지먼트 사의 직원
이 텔레비전으로 런던 올림픽 중계를 시청하던 중 미국팀과 겨루던 그의 모습
을 우연히 보았다. "그러고는 아시다시피 런웨이를 걷게 됐죠." 그가 말한다. "첫
번째 쇼는 더키 브라운Duckie Brown이었어요. 그리고 그 시즌에 마크 바이 마
크 제이콥스Marc by Marc Jacobs 쇼에도 섰는데 그 이후 본격적으로 시작되었
죠." 펜싱 선수와 패션 모델이라는 두 가지 길은 상당히 어울리지 않아 보이지만
그에게 펜싱은 많은 면에서 자신의 두 번째 커리어를 위한 준비를 하게 해준 셈
이다. "서로 연관성은 별로 없어요." 그가 인정한다. "주위에서 제게 '모델 일 하
면 여행을 많이 다녀야 해. 삶이 정신없어지는 거지'라고 말하는데, 저는 생각했
죠. '뭐 글쎄……' 사실 저야말로 열네 살 때부터 해외를 혼자 돌아다녔거든요.
학교에는 전혀 있을 수가 없었죠. 항상 그랬어요. 언제나 여행 중이었어요. 그
게 제 고등학교 때 삶이었어요. 졸업 파티가 그립기는 해요. 제 인생은 늘 매주
다른 나라에 있는 것이었거든요."

살짝 붉은 기가 도는 금발 머리 외에 임보덴의 외모에서 가장 두드러진 특징

은 아마도 위풍당당한 코일지도 모르겠다. "어렸을 때 스케이트를 타다 사고가 났어요. 그때 코가 살짝 비뚤어졌죠. 저도 한때는 '아, 진짜 난 코가 왜 이렇게 크지……' 했던 시절이 있었는데 지금은 익숙해졌어요." 브루클린 윌리엄스버그에 위치한 커피숍 밖 벤치에 앉아 있는 그는 컬러풀한 펜들턴Pendleton 코트에 블랙진, 딱 맞는 데님 재킷, 그리고 빈티지한 갈색의 투박한 등산용 부츠를 신고 있다. 누가 봐도 신경 쓴 옷차림이다. 그렇게 스타일링한 모습이 매우 잘 어울려서, 누군가 본다면 마치 패션 피플 중에서도 협찬받은 옷들로 뽐내고 있는 사람으로 착각할 정도다.

"아니에요! 오늘은 패션 위크에서 선물 받은 옷을 입지 않은 날이라고요. 전 원래 펜들턴을 좋아해요. 모두 검정으로만 차려입은 뉴요커처럼 좀 더 분위기 있는 스타일도 좋아하고요." 그가 말한다.

플로리다 탐파에서 태어났지만 어릴 때부터 브루클린에서 자란 그에게 펜싱은 곧장 이 새로운 도시에서의 삶의 구심점이 되었다. "뉴욕에 왔을 때부터 트레이닝을 시작했어요. 그때 우리 집이 펜싱 클럽 바로 건너편으로 이사했거든요."

다가오는 미래에 그는 몇 가지 큰 계획을 갖고 있다. 경영을 공부할 예정이고 음악 산업에서 일하고 싶은 목표도 있다. 하지만 현재 그와 그의 부모님 모두 신이 나 있는 것은 모델 활동이다. "어머니가 이 일을 정말 좋아하세요. 친구들이 잡지를 사서 펼쳐볼 때도 가끔 제가 나오는데 전 아직도 '이런, 이거 나잖아!'라며 스스로 놀라요. 재미있고 신기한 순간들이에요."

그래서 그는 이 이중 생활에 완벽하게 적응했을까. "제가 모델 일을 시작하면서 가장 걱정했던 건 온갖 희한한 옷들을 입어야 한다는 점이었어요." 그가 말한다. "모든 준비가 끝나고 거울을 볼 때 전혀 다른 사람을 마주하는 것이 놀라울 따름이에요. 하지만 패션 일이 멋진 이유 중 하나가 바로 다양한 것을 묘사해보고 다른 사람이 되어볼 수 있다는 점 아닐까요."

새로운 마인드 세팅

뇌의 맞춤 관리를 위한 이야기와 책, 그리고 시사 웹사이트.

글 앤서니 티스데일Anthony Teasdale

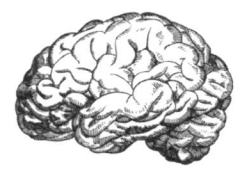

이 책의 몇몇 페이지를 정독했다면 분명 스타일에 대해 제대로 이해했을 것이다. 하지만 당신의 정신은 어떠한가. 이 정보성 가이드에서 우리는 당신의 머릿속을 슈트의 재단만큼이나 샤프하고 섹시하게 만들어줄 여덟 가지 참고 자료를 소개하고자 한다.

1
『총, 균, 쇠Guns, Germs, and Steel』
재러드 다이아몬드

다이아몬드Jared Diamond 교수는 파푸아뉴기니에서 전통 사회를 연구했다. 하루는 현지 정치인이 그에게 질문을 던졌다. "당신과 내가 똑같이 똑똑하다면 왜 서양인들이 그토록 많은 힘을 갖고 있는 거죠?" 그의 대답이 이 두꺼운 책의 제목이 되었다. 그는 책에서 서양 남성들이 주도권을 쥔 역사를 찾아 기록하고, 지리학적인 행운, 통신 연결, 식량 자원의 접근성을 두루 훑어보며 서양이 어째서 특권을 지닌 곳이 되었는지 살펴본다.

2
쿼라Quora

사실 지난 몇 년간 극찬하고 놀라워했던 친구나 동료의 지식이 사실이 아니었다는 걸 알아차릴 때만큼 실망스러운 순간은 없다. 여기 '진짜 지식'에 목마른 사람들에게 쿼라를 자신 있게 추천한다. 실리콘밸리의 정치학부터 시애틀의 스테이크 맛집까지 쿼라에는 어떠한 질문도 할 수 있고, 스티븐 프라이Stephen Fry가 진행하는 「QI」 퀴즈 프로그램보다 빠른 답변도 받아볼 수 있다. 쿼라의 컨트리뷰터들은 다른 사용자 제작 사이트와는 달리 예의 바른 태도로도 잘 알려져 있다.

3
『8주, 나를 비우는 시간Mindfulness』
마크 윌리엄스, 데니 펜맨

가정이나 직장에서 책임감이 따르는 지위에 있을 때, 처리해야 할 업무나 내려야 할 결정이 너무 많으면 부담스러울 뿐 아니라 불안하거나 혼란을 느낄 수도 있다. 윌리엄스Mark Williams 교수와 펜맨Danny Penman 박사는 이러한 마음을 다스리기 위한 방법을 제시한다. 하루에 단 몇 분이라도 당신의 생각과 느낌을 관찰하는 데 시간을 할애하라고 조언하는 것도 그중 하나. 이렇게 하면 당신은 행복감을 느끼고 모든 것이 좀 더 명확해질 것이며, 올바른 시각으로 사물을 바라보게 될 것이다. 또 사람들에게 땍땍거리는 일도 없어질 것이다.

4
『미스터 포터』

당신이 『미스터 포터』를 이미 읽었다는 건 아주 좋은 소식이다. 옷을 멋있게 입는 방법도 알려주지만 그보다 더 중요한, 현대 사회의 행동 방침에 대해 얘기하는 『미스터 포터』는 '시내에서는 갈색 계열을 입는 게 좋을까' 등 수수께끼와 같은 질문에 직면했을 때 이상적인 해결책을 제시해준다.

5
「시빌 워The Civil War」

몇몇 다큐멘터리 시리즈는 '훌륭한' 작품으로 묘사되곤 하는데, 로렌스 올리비에Laurence Olivier가 내레이션을 맡은 「전쟁의 세계The World at War」도 그중 하나일 것이다. 하지만 켄 번스Ken Burns가 미국 내전을 샅샅이 파헤친 「시빌 워」가 아마도 그 가운데 최고가 아닐까 싶다. 무려 열 시간이 넘는 상영 시간을 가진 이 작품은 형제와 형제를 상대로 한 남과 북의 슬픈 내전 이야기로, 느슨한 군집 국가였던 미국이—70만 명이 넘는 생명이 희생되었지만—통일 국가로 재탄생한 과정을 담았다. 켄 번스는 이 작품을 완성하는 데 5년을 할애했으며 마흔 개가 넘는 상을 수상했다. 반드시 소장해야 할 가치가 있는 DVD다.

6
『고요한 리더십Quiet Leadership』
데이비드 록

선언문이자 조직 경영에 관한 책인 데이비드 록David Rock의 『고요한 리더십』은 뇌의 과학적 연구 결과물을 토대로 경영에 관한 우리의 사고방식을 바꿔주는 책이다. 각 회사의 관리자들은 이 책을 통해 구성원을 더욱 행복하게 만드는 방법, 그리고 결과적으로 더욱 생산적인 팀을 만들어내는 요령을 터득하게 될 것이다. 제대로 이해했다면, 업무 후 술 한잔 사는 데 시간을 할애해보자. 그것이야말로 가장 교양있는 형태의 업무적 보상일 테니.

7
「댄 칼린의 하드코어 히스토리Dan Carlin's Hardcore History」

출퇴근길에 킨들Kindle[49] 보기도 버겁다고? 그렇다면 과거의 위대한 사건들을 세세하게 들려주는 팟캐스트 「댄 칼린의 하드코어 히스토리」가 탁월한 대안이 될 것이다. 칼린이 들려주는 칭기즈칸의 몽골 정복과 뒤이은 영토 확장, 로마 제국의 몰락 시리즈와 같은 다양한 주제는 열정과 공감을 불러일으킨다.

8
세상을 새롭게 바라보게 할
세 가지 TED 강연

「사형수로부터 얻은 교훈Lessons from Death Row」
데이비드 R. 도 교수

도David R. Dow 교수는 이 강연에서 왜 살인자들은 서로 비슷한 프로필을 갖고 있는지 설명한다. 그리고 이것이 미래에 발생할 범죄를 어떻게 줄일 수 있는지 알아본다.

「좋은 아이디어는 어디에서 오는가Where Good Ideas Come From」
스티븐 존슨

스티브 존슨Steven Johnson은 1700년대 런던의 커피 하우스부터 1950년대 미국의 물리학 연구소, 그리고 GPS의 발명까지 다양한 창의력의 기원에 대해 말한다.

「경이로운 바닷속Underwater Astonishments」
데이비드 갤로

인간이 탐사한 바닷속 세상은 고작 3퍼센트밖에 되지 않는다. 데이비드 갤로David Gallo는 이 강연에서 우리가 모르는 수중 세계에 대해 이야기한다. 보고도 믿기 어려운 문어의 위장술도 등장한다.

우리가 존경해 마지않는
감각을 지닌 열여섯 명의 남자들

자크 쿠스토 선장

세계에서 가장 유명한 다이버이자 BBC의 데이비드 애튼버러 경Sir David At-
tenborough[50]의 해양탐험가 버전인 자크 쿠스토Jacques Cousteau 선장은 캐주
얼한 룩을 우아하게 소화한다. 우리가 존경해 마지않는 그의 시그니처인 빨간
색 비니와 버튼다운 샴브레이 셔츠 룩은 여러 패션 스타일링의 영감이 되었다.

리처드 애버던

20세기 후반의 가장 유명한 사진작가 중 한 사람인 리처드 애버던Richard Ave-
don은 전설적인 아트 디렉터 알렉세이 브로도비치Alexey Brodovitch의 가르
침 아래 엄청난 성공을 이루었다. 이미지 분야의 전문가인만큼 애버던은 특별히
공식적인 자리에서는 심플한 옷 입기가 최고의 선택이란 걸 일찍이 깨우쳤다.

조니 호지스

보스턴 출신의 색소폰 연주가 조니 호지스Johnny Hodges는 다른 재즈 뮤지션들처럼 옷 입기에 있어서도 연주에 필적할 만한 뛰어난 재능을 보였다. 1940년대의 넉넉한 슈트에서부터 추후의 보헤미안 스타일까지 다양한 룩을 선보였는데, 그중에서도 이 더블브레스트[51] 슈트를 입을 때만큼 멋진 적은 없었다. 페도라와 함께 소화하는 방식은 본보기로 삼을 만하다.

제임스 딘

타임 스퀘어의 폭우 속에서 포착된 제임스 딘은 제대로 고르기만 한다면 오버코
트가 딱딱해 보일 일이 없다는 사실을 증명해 보인다. 궂은 날씨 때문에 단추를
목까지 잠그고 깃을 바짝 세워 입은 더블브레스트 코트는 실용적이면서도 유행
을 타지 않는 필수 아이템이다.

알랭 들롱

프랑스 출신의 스위스 시민권자인 알랭 들롱Alain Delon은 우아하게 재단된 맞춤복, 특히 1967년 영화 「한밤의 암살자Le Samouraï」에 등장한 비할 데 없이 멋진 트렌치코트와 중절모 룩으로 가장 잘 알려져 있을지 모른다. 하지만 1966년작 「로스트 코맨드Lost Command」에서 그는 전투복을 입고도 멋있어 보일 수 있다는 것을 우리에게 증명했다. 영화에 등장한 모던하고 짧은 헤어스타일도 인상적이었다.

아서 밀러

뉴욕 출신의 극작가인 아서 밀러Arthur Miller는 모든 여성들이 좋아할 만한 스타일을 즐긴 건 아니었지만, 그럼에도 불구하고 자그마치 메릴린 먼로Marilyn Monroe와 결혼한 남자다. 사진에서 그는 프린트 셔츠에 멋스러운 안경을 끼고 있는데 이런 스타일에서도 문학적인 강렬함이 뿜어져 나온다. 그리고 우리는 바로 이 부분이 금발 미녀의 마음을 차지할 정도로 강렬한 그만의 매력이라고 생각한다.

포르피리오 루비로사

도미니카공화국의 독재자였던 라파엘 트루히요Rafael Trujillo의 충실한 부하였던 포르피리오 루비로사Porfirio Rubirosa는 다섯 명의 아내에겐 외도하는 남편이었고, 그중 두 명은 엄청난 재력의 미국 국적의 상속녀였다. 밝혀두건대, 루비로사는 롤모델은 아니다. 하지만 폴로 경기를 하거나 프랑스 르망에서 레이싱을 즐기거나 페라리Ferrari를 운전하는 등의 라이프 스타일을 통해 그는 우리에게 호화로운 삶이 무엇인지 제대로 보여주었다.

험프리 보가트

영화 「카사블랑카Casablanca」에서 입었던 흰색 턱시도 룩으로 가장 잘 알려진 험프리 보가트Humphrey Bogart는 「도쿄 조Tokyo Joe」에서는 제2차 세계대전이 끝난 후 부인을 찾기 위해 일본의 수도로 돌아가는 퇴역 군인을 연기했다. 영화에서 그가 입고 등장하는 주름 간 슈트는 지금은 약간 촌스러워 보일지도 모르겠지만, 편안한 착용감이 돋보이는 항공 재킷을 소화하는 방식은 지금 봐도 여전히 멋지다.

로버트 라벤스타이너

『워모 보그L'Uomo Vogue』[52]의 패션 에디터인 로버트 라벤스타이너Robert Ra-
bensteiner는 부드럽고 세련된 슈트와 캐주얼한 청바지를 섞어 입고, 자신의 룩
에 눈에 띄는 단색을 더하는 것으로 유명하다. 그는 이러한 방법으로 클래식한
형태에 모던한 감성을 부여하는데, 사진에서와 같이 짙은 청색의 스리 피스 디
너 재킷을 능숙하게 풀어낸 것도 같은 맥락이다.

제임스 코번

할리우드의 터프가이 제임스 코번James Coburn이 뛰어난 취향을 가졌다는 건
페라리 루소와 유명한 250 GT 스파이더를 포함해 그가 운전했던 애마를 보면
알 수 있다. 클래식한 이탈리아 스포츠카에 시어서커[53] 재킷, 흰색 셔츠, 슬림한
타이 그리고 광각 선글라스보다 더 어울리는 룩이 있을까.

말런 브랜도

1950년대 오스카 남우주연상 후보에 다섯 번이나 이름을 올린 10년 동안 말런 브랜도Marlon Brando는 스타가 되는 것의 의미를 재정의했다. 영화 「워터프론트On the Waterfront」에서 거친 워크웨어 룩을 선보인 브랜도의 캐주얼한 스타일은 물가에 가장 가까이 가는 게 설령 요트에 오를 때뿐이라 하더라도 우리 남성들에게 알려주는 바가 크다.

피터 비어드

뉴욕 상류층 출신의 피터 비어드Peter Beard는 카렌 블릭센Karen Blixen의 장편
소설 『아웃 오브 아프리카Out of Africa』에서 영감을 받아 아프리카 대륙을 여행
하고 기록하는 데 평생을 바쳤다. 아프리카에서 지낼 때 그의 보헤미안 스타일은
매우 돋보였는데, 서양 옷과 케냐의 전통 의상을 섞어 입는 식이었다. 우리는 이
사진 속 트렌치코트에서 모든 격식을 빼버린 그의 근사한 애티튜드를 존경한다.

에롤 플린

호주 태생의 배우 에롤 플린Errol Flynn의 룩은 파이프 때문에 더욱 오래되어 보이지만, 그는 주로 재킷을 걸치고 타이를 맨 모습으로 사진에 포착되곤 했다. 꽤나 멋진 이 갈색 가죽 재킷을 입은 모습은 더욱 편안해 보이는데, 이는 우리가 오랫동안 흠모했던 클래식한 항공 점퍼를 떠오르게 한다.

보비 길레스피

영국 록밴드 프라이멀 스크림Primal Scream의 리드 싱어인 보비 길레스피Bob-
by Gillespie는 일관된 스타일을 훌륭히 유지해왔다. 50대인 지금도 여전히 벨
벳 언더그라운드Velvet Underground의 클래식한 록스타 룩에서 영감받은 슬림
한 청바지와 첼시 부츠를 고수하고 화려한 프린트 서츠 또한 담담하게 소화한다.

챗 베 이 커

자멸적인 라이프 스타일과는 너무도 다르게 아름다운 연주를 선보였던 미국 서
부의 재즈 거장 챗 베이커Chet Baker는 심플한 옷을 잘 입곤 했다. 1961년 이탈
리아 루카에서 호른을 불고 있는 그는 긴 소매 셔츠와 청바지로 깔끔하게 단장
했다. 반세기가 지난 지금도 이 룩은 같은 분위기를 전해준다.

세르주 갱스부르

프랑스 출신의 가수 세르주 갱스부르Serge Gainsbourg는 악동 같은 자유로운 프렌치 스타일의 개념을 완성한 남자였다. 타이나 양말 없이 스리 피스 핀스트라 이프 슈트에 흰 레페토Repetto 구두를 매치한 모습이 증명하는 것처럼, 그는 자 신만의 방식으로 맞춤 양복을 입고 싶어 하는 남자들에게 좋은 모범을 보여준다.

핫한 레스토랑

미스터 포터가 전 세계적으로 주목할 만한
여덟 개의 레스토랑을 모아보았다.

글 존 랜체스터John Lanchester

좋은 레스토랑과 음식에 관한 보편적인 법칙은 글로벌한 삶의 다른 모든 영역에서와 동일하다. 오늘날 당신은 모든 것을, 어디에서나, 시간에 구애받지 않고 즐길 수 있다. 재료는 그 어느 때보다 세계화되었고, 트렌드와 요리법도 마찬가지다. 나만의 비법을 비밀로 한다? 말도 안 되는 얘기다. 무엇인가가 세상에 등장하자마자 그것을 발 빠르게 소개하는 블로거와 트위터리안들이 있으니까. 셰프가 처음 선보이는 음식을 메뉴에 넣자마자, 손님들은 사진을 찍어 SNS에 올릴 것이고 이는 그것을 베끼고 따라 하고자 하는 전 세계 셰프에게 노출될 것이다.

그 여파로 생긴 레스토랑 트렌드는 정확히 그 반대 방향으로 나아간다. 어디에서나, 혹은 아무 때나 맛볼 수 없는 음식이 그것이다. 즉, 유일무이한 경험이 중요한 요소가 된 것이다. 일류 셰프들은 이제 지역 음식과 특별함에 집중하고 있다. 이러한 요리는 장소의 감각을 중요시한다. 2000년대 초반, 세계에서 가장 영향력 있는 레스토랑은 코스타 브라바Costa Brava[54]에 위치한, 테크닉과 독창성에 중점을 둔 페란 아드리아Ferran Adrià의 엘 불리El Bulli였다. 최근에는 코펜하겐에 있는 르네 레드제피René Redzepi의 노마Noma가 대세로, 이곳은 지역성과 제철 재료, 그리고 지속 가능성을 모토로 한다. 여기 이러한 트렌드를 읽을 수 있는 여덟 곳의 레스토랑을 소개한다.

파비켄
옘틀란드, 스웨덴

음식에 조금이라도 관심이 있는 사람이라면 북유럽 요리가 요즘 주목받고 있다는 사실을 잘 알고 있을 것이다. 북유럽 곳곳이 그렇지만, 특히 코펜하겐과 스톡홀름이 돋보인다. 계속해서 화제의 중심으로 거론되고 있는 레스토랑은 이들 수도에서 매우 떨어져 있는 생소한 곳. 스웨덴의 북쪽 끝, 열두 명 정도 앉을 수 있을까 말까 한 작은 레스토랑 파비켄Fäviken이 그곳으로, 셰프 마그누스 닐손 Magnus Nilsson은 그의 배경—파리의 레스토랑 라스트랑스L'Astrance의 파스칼 바르보Pascal Barbot 밑에서 요리했다—과 소박한 숙성 기술로 동료 셰프들에게 칭송받고 있다.

팀호완
몽콕, 홍콩

전 세계에서 홍콩만큼 미식가가 많이 모여 있는 곳도 드물 것이다. 이 도시에 훌륭한 레스토랑이 차고 넘치는 건 바로 그 때문이다. 모든 가격대에 선택지까지 훌륭한 이곳에서, 세계에서 가장 저렴한 미슐랭 레스토랑 중 한 곳을 가보는 건 어떨까. 몽콕에 위치한 팀호완Tim Ho Wan은 훌륭한 딤섬 요리를 선보이지만, 그렇기 때문에 늘 기다리는 줄도 길다. 줄 사이를 당당하게 걸어가 테이크아웃을 권장하는 바다.

모모후쿠 쌈 바
뉴욕, 미국

에너지와 카리스마 넘치는 한국계 미국인 셰프 데이비드 장David Chang은 새로운 아이디어나 레스토랑 활동으로 쉼 없이 움직이는 사람이다. 이를테면 이런 식이다. 시드니에 레스토랑을 열자! 토론토에도! 잡지를 만들어보자! 방송을 좀 해볼까! 일단 사람들이 첫째, 맛이 훌륭하고, 둘째, 예약이 힘들다고 입을 모

89

아 얘기하는, 좌석이 열네 개뿐인 그의 또 다른 레스토랑 코Ko에 가보기를 추천한다. 한편 대세인 집이 어떤지 보고 싶다면 당연히 쌈 바Momofuku Saäm Bar에 가야 한다. 최고의 재료와 훌륭한 요리법, 아시아와 미국 문화를 접목한 애정이 결합된 장의 요리는 지속적으로 새로움을 추구하는 최고로 쿨한 레스토랑임에 틀림없다.

큐뮬러스 Inc.
멜버른, 호주

호주 사람들은 좋은 음식을 사랑하지만 격식 차리는 것은 선호하지 않는다. 결과적으로 열정적인 요리와 캐주얼한 감성의 조합으로 이들을 따라올 자는 없다. 앤드루 매코널Andrew McConnell은 호주 레스토랑 업계에서 스타 셰프로 통한다. 그의 플래그십 레스토랑인 큐뮬러스 Inc.Cumulus Inc.는 너무나 편안한 느낌인지라 실제로 아침 커피와 크루아상부터 저녁 시간 와인과 어우러진 코스 요리까지 모든 게 얼마나 맛있고 훌륭한지 믿기 힘들 정도다. 매코널의 요리는 혁신적이면서도 강렬하지만 절대 기고만장하지 않다. 그리고 한 가지 더. 그는 다른 음식과 마찬가지로 흥미로운 채식주의 메뉴를 선보이기 위한 노력을 게을리하지 않는다.

더 퀄리티 촙 하우스
런던, 영국

1869년 롤런드 플럼Rowland Plumbe이 디자인한 건축물을 그대로 사용한, 런던에서 가장 멋진 인테리어로 손꼽히는 레스토랑 중 하나인 더 퀄리티 촙 하우스The Qualtiy Chop House는 창문에 적힌 "Progressive Working Class Caterer(진보적인 노동자 계급 식당)"라는 문구답게 지향하는 바가 뚜렷한 곳이다. 2012년 이 레스토랑 영업을 재개한 노동자 계급의 인물은 음식과 와인에 있어 전설적인 평론가인 잰시스 로빈슨Jancis Robinson과 닉 랜더Nick Lander의 아들이다. 수준과 전문성이 보장된 레스토랑과 바는 더할 나위 없이 훌륭한 네 코스 저녁 메뉴와 더불어 맛있는 식사와 술을 제공한다.

무가리츠
산 세바스티안, 스페인

산 세바스티안은 전 세계 미식의 수도이며, 최고의 젊은 셰프 안도니 루이스 아두리스Andoni Luis Aduriz는 스페인에서 그의 세대 셰프들 중 리더 격의 인물이다. 대체 뭐가 그리 대단한 건지 알고 싶다면 도시에서 몇 킬로미터 떨어진 그의 레스토랑 무가리츠Mugaritz—'경계 지역의 오크나무'라는 의미—를 방문해보라 (혼자서는 절대 찾지 못할 테니 택시를 이용하라). 안두리스의 요리는 무국적이면서도 편안하고, 말린 우엉과 진흙으로 둘러싸인 감자, 최고의 계란빵 등 어디서나 맛볼 수 없는 다채로움이 특징이다. 전 세계를 통틀어 이런 수준으로 요리하는 곳은 그 자체로 환상적인 가치가 있다.

르 프티 니스
마르세유, 프랑스

지중해 해안은 건축적으로도 미식적으로도 장소, 풍경, 음식, 서비스 등 모든 것을 충족시키는 곳을 찾기가 정말이지 힘든 곳이다. 그렇다고 포기하지 말라. 마르세유의 코르니슈에 위치한 르 프티 니스Le Petit Nice는 이 모든 것을 만족시켜준다. 현재 파세다Passédat 가족이 3대째 운영하고 있는—셰프는 제랄드 파세다Gérald Passédat이다—이 레스토랑은 현지 해산물을 충분히 활용하면서 외부에서 받은 영감을 한 번 비틀어 선보이는 음식에 초점을 맞춘다. 밝은 분위기가 장소를 가득 채우며, 눈앞에 탁 트인 넓은 바다 풍경은 이곳을 떠나거나 잊지 못하게 만든다.

네이선 아웃로
콘월, 영국

전 세계 셰프들 중에서 네이선 아웃로Nathan Outlaw보다 더 잘 알려진 사람이 있을까. 그는 콘월의 어촌마을인 록Rock에서 자신의 이름을 딴 레스토랑을 운영한다. 그의 요리 실력은 미슐랭 2스타를 받을 만큼 충분히 화려하다. 그런데 여기서 훌륭한 점은 그 화려함이 전혀 느껴지지 않는다는 데 있다. 그의 요리는 심플하고 직접적이다. 그도 그럴것이 최상의 재료 그 본연의 맛을 최대한 표현해내는 것에 집중하기 때문이다. 심사숙고해서 선보이는 레스토랑의 테이스팅 메뉴(오직 이곳에서만 맛볼 수 있는)는 각 음식의 눈에 띄는 특색과 요리의 전체적인 모양새 사이의 아름다운 균형감을 고려했다.

주목할 만한 인물

수라지 샤르마

영화 「라이프 오브 파이Life of Pi」의 매력적인 배우가 명상과 다이어트, 그리고
어쩌면 앞으로 다시는 연기하지 않을 이유에 대해 말한다.

글 앨릭스 고드프리Alex Godfrey

많은 배우들이 영화가 자신의 인생을 바꾸었다고 말한다. 「라이프 오브 파이」
의 주인공 수라지 샤르마Suraj Sharma 역시 그의 삶 전체가 위아래 안팎으로 뒤
집히고 바뀌었다. 17세의 나이에 영화에 캐스팅되기 전까지 그는 한 번도 연
기라는 걸 해본 적이 없고, 수영도 하지 못했으며, 심지어 인도를 떠난 적도 없
었다. 샤르마는 남델리 교외에서 경제학자인 어머니와 소프트웨어 엔지니어
인 아버지 밑에서 자랐다. 그의 남동생이 「라이프 오브 파이」 오디션에 혼자 가
기 싫어 함께 동행해달라고 부탁했을 때까지만 해도 그는—별로 내키지는 않
았지만—학교에서 경제학자가 될 준비를 하고 있었다. 오디션장의 캐스팅 감독
은 그에게도 오디션에 참가하길 권유했고, 그렇게 샤르마는 현재 높은 인지도
와 함께 세계적인 스타덤에 오르게 된 것이다. 그리고 이제 그의 삶은 계속되는
영화 시사회와 홍보 및 파티 들로 점철되어 있다. 하지만 미스터 포터 촬영장에
서 마주한 그는 시차 적응의 어려움과 피로가 보이지 않을 정도로 편안한 모습
이었고, 장난기 넘치는 모델이었으며, 겸손하고 매력적이기까지 했다. 무려 3
천 명의 지원자 중 뽑혔다는 건, 분명 이안Ang Lee 감독이 그에게서 영화 속 캐
릭터과 똑 닮은 온화하고 사랑스러운 영혼을 간파해냈다는 얘기다. 그는 다시
는 연기하지 않을지도 모른다고 말했지만, 무엇을 하든 그가 아주 훌륭히 해낼
거란 것만은 확실하다.

연기 경험이 없다는 것이 오히려 도움이 된 것 같나요?

네, 이안 감독님도 제가 연기 지도를 전혀 받은 적이 없어서 오히려 원하는 걸 얼마든지 만들어낼 수 있다고 하셨어요. 그래서 이야기가 진행되면서 저도 저만의 해답을 찾아보려고 노력했어요. 그야말로 연기를 했고, 제 캐릭터는 거기서 살아남으려고 한 거죠. 저와 제 캐릭터 둘 다 해야 할 일들을 찾아가면서 미지의 세계로 들어갔던 거죠.

이안 감독과의 두 번째 오디션에서 울었다고 들었어요. 무슨 일이 있었나요?

감독님은 제가 어떤 마음의 상태에 놓이도록 특정한 방식으로 얘기하셨어요. 감독님 말씀은 진지하게 받아들이게 돼요. 부드럽게 말씀하시니까 더 경청하고 결국 더 많이 집중하게 되는 거죠. 그리고 감독님은 기본적으로 캐릭터와 똑같은 감정을 찾아야 한다는 것을 이해시키려고 노력하세요. 같은 장소에 있을 필요는 없지만, 같은 감정의 상태에 놓이는 거죠. 그러니까 마음속에서는 어떤 의미로 같은 장소에 놓이게 되는 거예요. 감독님은 그런 일들을 하신 거고요. 긴 장면으로 오디션을 봤는데, 감정이 쌓이고 쌓여 결국 울게 되는 그런 상황이었어요.

영화에서 수척해 보이기 위해 3개월 동안 참치와 상추만 먹는 다이어트를 했다고 들었어요. 혹시 영화가 끝나고 폭식하지는 않았나요?

아니요, 그럴 수가 없었어요. 위가 줄었더라고요. 열네 살 땐 정말 혼자서 피자 한 판을 다 먹고 이어서 또 먹을 수 있었는데 지금은 반도 먹기가 힘들어요. 다이어트가 끝나고 위가 조금씩 늘어나고는 있지만 그 속도가 아주 느려요. 모든 촬영이 끝났을 때 이것저것 마음껏 먹고 폭식하리라 결심하면서 만두를 비롯해 패스트푸드를 많이 먹었는데 쉽지가 않더라고요. 다이어트하기 전엔 만두를 하루에 마흔 개씩 먹었는데 말이죠. 그날은 딱 열한 개만 먹을 수 있었어요.

그럼 영화 덕분에 건강해졌겠군요.

네, 정확히 그래요. 강해졌고, 건강해졌죠. 이제 수영도 할 줄 알고, 하면서 호흡도 잘 조절할 수 있게 됐어요. 몸과 마음이 어떻게 함께 작용하는지 더 깊이 이해하게 됐고요.

이안 감독과 함께 명상하는 데 많은 시간을 보냈다고 들었어요. 어떻게 했고, 또 어떤 도움이 되었나요?

몸과 정신에 많이 집중하면서 편안한 상태를 유지했어요. 자신만의 동굴에 들어가면 자기 자신을 더 잘 이해하게 돼요. 자신을 빛으로 채우는 거죠. 그렇게 하면 명상이 계속되는 상태가 되거든요. 일들은 당신 주변에서 발생하는 거지 당신에게 일어나는 게 아니라는 걸 알게 돼요. 촬영장에선 마치 주변에 회오리바람이 부는 것처럼 많은 일들에 시달렸는데, 전 완전히 괜찮았어요. 그냥 그렇게 앉아 있는 게 좋더라고요.

이안 감독이 다른 영화를 찍을 때도 그렇게 하는지 궁금하네요. 아니면 이번 캐릭터의 고립된 환경 때문에 특별히 그런 걸까요?
감독님과 작업했던 몇몇 배우들을 만났는데, 일반적인 관계보다 그분이 더 깊게 들어간다는 느낌을 받았어요. 언젠가 감독님이 제게도 말씀하셨는데, 자신이 배우들을 이해하거나 그들이 자신을 이해하려는 일련의 과정이 다른 누구와 갖는 유대감보다 훨씬 더 깊다고 하시더라고요. 왜냐하면 그분은 정말 상대방을 자신의 마음속으로 들어오게끔 해주시거든요. 그러면 사람들은 감독님의 계획을 보게 되고, 그렇게 그 그림의 일부가 되는 거예요.

이안 감독이 연기 지도도 해주었다고 들었어요. 촬영에 들어갈 때쯤엔 자신감이 완전히 생겼나요?
아니요, 그때도 제가 연기를 잘할 수 있을지 몰랐어요. 이안 감독님이 잘 지도해주셨다고 생각해요. 어느 누가 저를 그렇게 제대로 이끌어줄 수가 있을까요. 이제는 그게 저의 두려움이 되었죠.

만들기 쉽지 않은 치열한 영화였을 것 같아요. 연기에 있어서도 온전히 혼자일 때가 많았을 텐데요. 촬영하면서 강렬한 꿈 같은 걸 꾼 적이 있나요?
네, 악몽이라고 할 수 있는데요. 저 스스로 어두운 시대라고 부른 시기가 있었어요. 이안 감독님은 한 달 동안 그 누구도 제게 말 걸지 말라고 시키셨죠. 그래야 제가 완전한 고립감에 빠질 수 있다고요. 혼자 명상하고 미친 듯 운동만 했어요. 배고프고 목마르고 너무나 피곤한 상태로 깨어 있는 나날들이었죠. 그리고 꿈은 매우 어두웠어요. 일어나서도 불쾌할 정도였죠. 깨어나면 정말로 나에게 무슨 문제가 있나 할 만큼요. 한번은 바다 한가운데 배가 한 척 떠다니는 꿈을 꿨는데, 물이 심연으로 빨려 들어가고 있었어요. 제 주변이 다 그랬죠. 정말 혼란스러웠어요. 지금 생각해도 이상하고 기분 나쁜 꿈이에요. 머릿속에서 그 이미지를 떨쳐버릴 수가 없어요.

이제 집에서의 대우가 좀 달라졌나요?
네, 그런데 전 그게 싫어요. 일을 인정해주는 사람들에 대해서는 정말 감사하게 생각해요. 많은 사람들이 영화를 좋아해주니 기분 좋죠. 하지만 전 주목받는 걸 결코 좋아하지 않아요.

그럼 일을 잘못 선택한 것 같은데요.
네, 알아요. 제가 생각해도 이상하다고 느끼는 점이에요. 그걸 견딜 수가 없어요. 정말 어색하더라고요. 사람들이 다가오는 게 신경 쓰이고 불편해요.

그것이 연기를 다시 하지 않게끔 만드는 이유 중 하나인가요?
네, 정말 그래요. 그것뿐이에요. 전 유명세와 인지도 같은 걸 하나도 원하지 않아요. 연기가 좋은 이유는 그 과정 속에서 나 자신에 대해 수만 가지를 발견하기 때문이에요. 그러면서 자유로움을 느끼거든요. 마치 새처럼 말이죠. 그런데 그 새가 갑자기 새장 속에 갇히는 거예요. 왜냐하면 제가 원치 않는 것들 때문에 항상 숨게 될 테니까요.

만약 다른 영화에 캐스팅되었는데 3개월을 또다시 물탱크에서 촬영해야 한다면, 그래도 할 것 같나요?
할 거예요. 확실히 할 거예요. 언제든 다시 할 자신이 있어요. 맙소사, 그건 완전히 끔찍하면서도 놀라운 경험이었어요.

밀라노 가구 박람회

미스터 포터가 밀라노 가구 박람회에서 이탈리아 디자인의 미래를 일궈나가는
여섯 명의 대표 디자이너를 만났다.

글 닉 빈슨Nick Vinson

밀라노 가구 박람회Salone del Mobile는 단연코 세계에서 가장 큰 가구 박람회
다. 매년 4월, 무려 32만4천 명에 달하는 방문객이 가구 브랜드의 선두주자들이
내놓는 새로운 디자인을 확인하기 위해 밀라노에 모인다. 박람회는 로Rho에 위
치한 마시밀리아노 푹사스Massimiliano Fuksas가 디자인한 전시장에서 개최되
어 2천500팀의 출품자 및 출품 회사가 전시 공간을 채우고, 400팀 정도는 전시
장이 아닌 도시 곳곳에서 자신들만의 작품을 선보인다. 박람회의 주인공은 단
연 박물관이나 호텔 혹은 성당을 짓지 않을 때 자신의 재능을 제품 디자인에 있
는 힘껏 쏟아붓는 세계적인 건축가들이다. 우리는 그중 재주 넘치기로 손꼽히
는 여섯 인물을 만나 이탈리아 디자인과 이 가구 박람회가 그들에게 주는 의미
를 주제로 이야기를 나누었다.

마리오 벨리니
건축가, 디자이너

마리오 벨리니Mario Bellini는 1959년 밀라노 공과대학을 졸업하고 1963년부터
건축가 겸 디자이너로 명성을 날렸다. 그는 디자인 분야의 오스카상으로 불리는
황금콤파스상Compasso d'Oro을 여덟 번 이상 수상했으며, 그의 작품은 뉴욕현
대미술관MoMA의 권위 있는 퍼머넌트 디자인 컬렉션에 무려 스물다섯 점이나
소장되어 있다. 벨리니의 최신 작업으로는 밀라노 브레라 미술관의 리노베이션
과 루브르 박물관 이슬람 미술관의 디자인 작업이 있다.

이탈리아 디자인과 '메이드 인 이탈리아made in Italy'를 특별하게 만드는 것은 무엇인가요?

제2차 세계대전이 끝난 이후 우리나라가 자립한 방식에서 만들어진 얘기예요. 당시 이탈리아는 황폐화된 상태였는데, 몇몇의 작지만 용기 있는 산업을 주축으로 도시를 어떻게 다시 일으키고 살아남을지에 대해 생각하기 시작했어요. 당시 이탈리아에는 미국이나 독일처럼 큰 산업이 없었답니다. 그래서 오히려 즉각적으로 시작할 수 있었죠. 이 사업가들은 새로운 아이디어나 실험, 위험을 감수하는 데 있어 자유로웠어요. 건축으로는 할 수 있는 게 별로 없었던 젊은 건축가들은 디자인으로 옮겨가거나 같은 분야의 다른 쪽으로 진로를 바꾸기도 했지요.

왜 밀라노가 디자인과 패션의 중심이라 생각하나요?

전 세계 디자이너들이 이탈리아의 중소기업과 함께 '이탈리아 디자인'이라는 것을 만들기 위해 밀라노를 찾아왔어요. 1970년대 초반, 젊은 패션 디자이너들이 밀라노에서 꽃피기 시작해 조금씩 조금씩 강해진 겁니다. 우리에게는 훌륭한 수공예 문화가 있어요. 여기엔 뭔가 특별한 게 있죠. 그게 패션과 가구, 디자인이고, 이 안에는 감성과 역동성이 있습니다. 또 군중 효과도 무시하지 못하죠. 그러니 모두가 더욱더 이곳으로 몰리는 겁니다.

이탈리아 디자인은 전 세계에 알려져 있습니다. 왜 그렇다고 생각하나요?
전 세계적으로 점점 더 많은 디자이너들이 이탈리아 디자인을 지향하고 있어요. 그래도 그것은 여전히 이탈리아 고유의 디자인입니다. 왜냐하면 그런 디자인을 생산하려면 B&B 이탈리아B&B Italia나 카시나Cassina, 에드라Edra와 같은 이탈리아 가구 회사가 필요하기 때문입니다.

건축과 디자인, 그리고 패션이 왜 이토록 서로 경계를 넘나드는 걸까요?
우리는 옷과 가구를 육체적으로 접합니다. 패션은 패션이고, 건축은 건축이지만 이 둘은 늘 인간의 몸, 그리고 거주지와 관련되어 있다는 공통된 뿌리가 있지요. 바로 그 관계 때문입니다.

피에로 리소니
건축가, 디자이너

1986년 밀라노에 설립된 리소니 아소시아티Lissoni Associati는 60명으로 이루어진 팀이 호텔과 쇼룸, 가구, 조명까지 모든 것을 디자인한다. 피에로 리소니 Piero Lissoni가 독보적인 이유는 그 스스로 아트 디렉션은 물론이고 기업 이미지, 광고, 그래픽 디자인, 패키지 디자인까지 모두 망라하기 때문인데, 이는 리소니 자신을 산뜻하고 모던한 감성과 더불어 창조적인 능력을 겸비한 원 스톱 one-stop 브랜드로 만들고 있다.

이탈리아 디자인과 '메이드 인 이탈리아'를 특별하게 만드는 것은 무엇인가요?
간단합니다. 그것은 공장과 그 주변부에 있는 것들 때문이지요. 특히 우리에겐 수공예 문화가 있습니다. 사실 로봇을 쓰든 손을 쓰든 그건 중요하지 않습니다. 이탈리아는 이런 면에서 완벽한 장소죠.

왜 밀라노가 디자인과 패션의 중심이라 생각하나요?
모든 게 연결되어 있고 밀라노가 딱 그 중간에 있기 때문입니다. 그러니 서로간의 결합도 쉽게 이루어지죠. 협업이라는 특별한 문화도 한몫해요. 신발을 아주 잘 만드는 누군가가 의자를 만드는 사람을 도와줄 수도 있죠. 크로스오버의 도시니까요.

이탈리아 디자인은 전 세계에 알려져 있습니다. 왜 그렇다고 생각하나요?
그건 이탈리아 사람들이 한 게 아닙니다. 디자인은 사실 시스템이죠. 우리는 맹목적 애국주의자가 아니에요. 다양한 문화가 섞이면서 그렇게 된 것 같습니다.

건축과 디자인, 그리고 패션이 왜 이토록 서로 경계를 넘나드는 걸까요?
오늘날 패션에서 좋은 평가를 받으려면 특별한 공간에서 제품을 팔아야 합니다. 저는 이러한 무대 한가운데에 있는 걸 좋아하는데요. 건축이라는 것은 결합체이고 내부와 외부를 연결하는 일종의 고리입니다. 건축에는 서로 다른 분야와의 연결고리가 있는 것이지요.

마테오 툰
건축가, 디자이너

마테오 툰Matteo Thun은 밀라노에 자신의 사무실을 차리기 전인 1980년, 전설적인 디자이너 에토레 소트사스Ettore Sottsass와 함께 소트사스 아소시아티 Sottsass Associati를 창립한 적이 있다. 오늘날 마테오 툰 & 파트너스Matteo Thun & Partners는 전 세계에서 모인 50명 이상의 디자이너를 팀으로 두고 건축, 인테리어, 그리고 제품 디자인 프로젝트를 다룬다. 툰의 건축 작업은 지속가능성과 환경에 중점을 두는데, 이는 스위스 콜드레리오에 위치한 휴고 보스 Hugo Boss 사업 본부와 뉴욕에 있는 브랜드 콘셉트 스토어를 통해 살펴볼 수 있다. 이탈리아 남부 티롤에 있는 비질리우스 마운틴 리조트와 테르메 메라노 는 정교한 자연경관과 매끄럽게 조화를 이루는 디자인으로 그를 리조트 설계에 관한 한 독보적인 존재로 만든 작품이다.

이탈리아 디자인과 '메이드 인 이탈리아'를 특별하게 만드는 것은 무엇인가요?
전통과 역사, 음식, 건축물, 예술, 그리고 삶마저도 예술적이기 때문입니다. 민주주의에 관해선 최악의 실적을 갖고 있지만, 그래도 생활 속의 예술은 살아 있지요.

왜 밀라노가 디자인과 패션의 중심이라 생각하나요?
외국인들이 그렇게 생각하지요. 그리고 제 사무실에 있는 60명에 달하는 직원들 모두가 자신들이 중심에 있다고 믿고 있습니다. 또 놀랍게도 젊은이들에게 밀라노의 밤문화는 멋진 것이더라고요.

이탈리아 디자인은 전 세계에 알려져 있습니다. 왜 그렇다고 생각하나요?
그 말은 이탈리아 디자인 자체에 관한 게 아닙니다. 건축과 인테리어, 조명, 그리고 스타일링 분야에 대한 전체적인 접근 방식에 관한 것이죠. 이것을 '밀라노 학교'라고 부르는데요. 보통은 하나를 집중적으로 배우지만, 우리는 전체를 함께 가르치기 때문에 사실 학문적이지는 않다고 봐야죠.

건축과 디자인, 그리고 패션이 왜 이토록 서로 경계를 넘나드는 걸까요?
이 도시는 사람들에게 특정한 큰 그룹에 속하는 기회를 제공하고, 파티에서 쌓는 우정은 곧 정보의 교환을 의미합니다. 밀라노는 작은 도시예요. 우리는 함께 저녁을 먹고, 파티를 하고, 활발하게 교류하지요.

빈첸초 데 코티스
건축가, 아티스트

빈첸초 데 코티스Vincenzo De Cotiis는 호텔과 주택, 상점을 지으며 로사나 Rossana, 체코티 콜레치오니Ceccotti Collezioni, 부스넬리Busnelli를 위한 디 자인 작업도 하고 있다. 그는 대개 자재를 그대로 사용하지 않고 새로운 용량이 나 모양으로 재창조한다. 알다시피 밀라노는 코티스의 디자인으로 가득하다. 스트라프Straf 호텔, 스포트막스Sportmax와 엑셀시오르Excelsior 매장, 그리고 한정판 가구가 모여 있는 그 자신의 갈레리아 데 코티스Galleria De Cotiis가 모 두 그의 작품이다.

이탈리아 디자인과 '메이드 인 이탈리아'를 특별하게 만드는 것은 무엇인가요?
제 생각에 그것은 배경이고, 무엇보다 기술과 결합한 장인의 문화입니다.

왜 밀라노가 디자인과 패션의 중심이라 생각하나요?
창조력의 수도이자 세계적인 문화가 섞인 도시이기 때문이죠.

이탈리아 디자인은 전 세계에 알려져 있습니다. 왜 그렇다고 생각하나요?

이곳에는 자신의 아이디어를 만들고 생산할 수 있는 큰 수용력과 거대한 전문성, 그리고 이탈리아 디자인의 역사가 있어요. 이 모든 것들이 가구 박람회를 만든 것이기도 합니다.

건축과 디자인, 그리고 패션이 왜 이토록 서로 경계를 넘나드는 걸까요?
그것은 하나의 문화적인 현상이라고 생각해요. 특히 디자인과 패션이 그렇죠. 건축은 이미 하나의 문화입니다. 여기에 디자인과 패션이 세계의 서로 다른 문화를 흡수해 더욱 다양해지는 겁니다.

에밀리아노 살치 & 브릿 모란
인테리어 디자이너

2003년 에밀리아노 살치Emiliano Salci와 브릿 모란Britt Moran이 설립한 디모레 스튜디오Dimore Studio는 빈티지와 현대적인 감성을 고급스럽고도 스타일리시한 방식으로 섞으며 과거와 현재의 것들을 모으고 연결한다. 이들이 작업한 대표적인 공간으로는 밀라노 그랜드 호텔의 객실과 스위트룸, 그리고 카루소Caruso 바 겸 레스토랑, 파리의 카페 뷔를로Caffè Burlot, 시카고의 더 펌프 룸The Pump Room 레스토랑이 있다. 그리고 2012년에는 보테가 베네타Bottega Veneta의 홈 컬렉션 준비를 위해 토마스 마이어Tomas Maier(보테가 베네타의 크리에이티브 디렉터)와 협업했다.

이탈리아 디자인과 '메이드 인 이탈리아'를 특별하게 만드는 것은 무엇인가요?
그건 아마도 이탈리아의 장인정신, 그리고 이곳에서 만들어지는 모든 것들 때문인 것 같아요. 이탈리아 사람들은 꼼꼼하고 사소한 디테일을 잘 보는 능력을 가지고 있어요. 우리도 꾸준히 함께 일하는 소규모의 장인 그룹이 있는데, 우리가 바라는 수공예적인 느낌을 잘 만들어주죠.

왜 밀라노가 디자인과 패션의 중심이라 생각하나요?
크고 작은 작업실에서 기적과 꿈이 만들어지기 때문이에요. 그리고 유럽의 어느 곳과도 가깝다는 지리적인 이점도 한몫한다고 봅니다.

이탈리아 디자인은 전 세계에 알려져 있습니다. 왜 그렇다고 생각하나요?
역사적으로 이탈리아 디자이너들은 정말 놀라운 취향을 갖고 있었습니다. 시대를 초월하는 세계적인 작품들은 어떤 면에서 보아도 아름다워요. 오늘날의 이탈리아인들은 실험하는 것을 좋아하고, 그에 따른 위험도 감수합니다. 아이디어로도, 경제적으로도 말이죠. 좀 아이 같은 면도 있고, 완전히 이성적이지도 않으면서, 흥미진진하고, 과시욕도 있고, 외국인들과의 협업에도 매우 열려 있어요.

건축과 디자인, 그리고 패션이 왜 이토록 서로 경계를 넘나드는 걸까요?
오늘날 모든 작업은 연결되어 있어요. 특히 색과 소재에 있어선 더욱 그렇죠. 정보가 굉장히 즉각적이고 빠르기 때문에 우리가 모든 걸 더 잘 알게 되기도 하고요.

제임스 맥닐 휘슬러

말한 것, 그린 것, 입은 것까지 모두 화제가 된
19세기의 가장 재치 넘쳤던 화가에 대하여.

글 콜린 맥다월Colin McDowell

제임스 맥닐 휘슬러James McNeill Whistler를 미국인이라 부를 수는 없을 것이다. 오늘날 수천 명의 미국인이 런던에 살고 있지만 지금까지도 그가 가장 독보적인 인물인 것만은 확실하다. 지난 19세기 후반 그는 일찍이 100년 전 보 브럼멜Beau Brummel이 그랬던 것처럼 런던 사교계에서 잘 알려진 인물이었다. 그리고 그 전설의 댄디 가이처럼 휘슬러 역시 재치와 허세가 넘친 남자였다. 당시 그는 시대의 가장 논쟁적인 인물 중 한 명이기도 했다.

1834년 미국의 매사추세츠주에서 태어난 휘슬러는 어려서부터 다른 세계로 나가고 싶은 열망이 간절했다. 유럽을 사랑했고 젊은 시절엔 러시아 상트페테르부르크에서 1년을 살기도 했다. 미국의 군사 학교인 웨스트포인트에서 공부했는데 청년 시절부터 비주류였기 때문에 결국 학교에서 퇴학당하고 말았다. 그 누구와 어떤 주제로도 언쟁을 할 준비가 되어 있었고, 이러한 경향은 평생 동안 그를 잦은 문제에 휘말리게 했다. 휘슬러는 사람들에게 맞추거나 그들과 어울리려고 노력하지 않았다. 그런 점을 견딜 수 없어 하는 사람들도 있었지만 한편으로 그의 밝고 활기차고 도전적인 태도가 끊임없이 자극을 준다고 생각하는 사람들도 많았다.

휘슬러는 언제나 날카롭게 비평하고 위트 넘치는 말을 던질 줄 알던 사교계의 엔터테이너였다. 한번은 런던의 지식인 무리와 이야기를 나누고 있었는데 그가 어떤 재치 있는 말을 던지자 친구였던 시인 오스카 와일드Oscar Wilde가 이렇게 말하기도 했다. "제임스, 내가 너처럼 그렇게 말할 수 있다면 참 좋을 텐데." 휘슬러도 여기에 바로 응수했다. "너도 그렇게 할 수 있을 거야, 그렇고 말고 오스카." 그런데 긴 침이 달린 꼬리의 나비를 사인으로 그린 그의 그림을 보면 약간 놀랄지도 모른다. 그것은 그가 어떤 사람인지 알려주는 일종의 상징이기 때문이다. 이는 곧 그가 신사적이고 섬세하며 연약하기도 하지만 정도를 넘어서거나 자신의 끝없는 야망을 방해하는 이들에게는 꼬리에 달린 날카로운 침을 쏠 수도 있는 사람이라는 얘기다. 하지만 그에게 거리의 난봉꾼 같은 기질이 많았을지언정, 그의 작품에는 여느 위대한 화가들의 작품처럼 절제미가 있었다.

시대의 흐름은 바뀌고 그는 더 이상 화제의 중심에 있지 않지만, 휘슬러는 분명히 훌륭한 화가였고 그렇게 알려져 있다. 그가 최고의 작업을 선보이던 때, 작품에 이름을 붙이는 그의 이상한 접근 방식은 허세를 부린다는 비난을 받기도 했다. 이를테면 〈녹턴〉이나 〈하모니〉 같은 음악적 이름을 붙인 것이다. 그의 작품을 통틀어 가장 유명한 것은 그 스스로 "회색과 검정색의 조화"라고 부른 어머니의 자화상이다. 그것은 당대의 가장 유명한 그림 중 하나가 되었고, 파리 오르세 미술관이 구매해 여전히 명당 자리에 전시되어 있다.

이토록 외골수의 태도를 가진 남자라면 스타일 역시도 그렇지 않을까 예상해볼 수 있다. 실제로 그는 그러했다. 그에게는 계산적이지 않은 것이 단 하나도 없었다. 모든 것은 그럴 만한 이유가 있었다. 결코 전형적인 꽃미남도 아니었고 작은 체구를 가졌음에도 그에게는 주위를 지배하는 강렬한 존재감이 있었다. 그것은 모두 자신감 있는 태도와 스타일 때문이었다. 주로 렘브란트Rembrant Harmenszoon van Rijn를 연상시키는, 넓은 챙의 벨벳 모자 아래로 반쯤 감춰진 곱슬머리부터 언제나 지니고 다니던 은색이 덧입혀진 긴 지팡이까지, 이 작은 남자는 하여간 존재감 하나는 확실했다. 반짝거리는 단안경과 말끔한 의상—자신의 날씬한 몸을 드러내기 위해 거의 항상 몸에 붙는 검정색 옷을 입었다—그리고 곱슬거리는 수염은 사람들 사이에서도 그를 돋보이게 만들었다. 그가 입을 열고 별난 발언을 채 하기도 전에 사람들은 이미 그를 알아채곤 했다.

그런데 바로 이러한 점이 그를 위기에 빠뜨릴 줄은 그 누구도 알지 못했다. 빅토리아 여왕 시대의 영국에서 가장 위대한 비평가로 평가받는 존 러스킨John Ruskin은 휘슬러의 〈녹턴〉 페인팅 한 점에 대해 다음과 같이 평가했고, 이에 대해 휘슬러가 오만하게 반응하고 격분했던 것이다. "이전에도 런던내기들의 무례함을 익히 들어왔지만, 한낱 멋쟁이가 대중의 얼굴에 물감통을 퍼부어놓고 200기니[55](당시에는 엄청난 돈이었다)를 달라고 하는 건 처음 본다." 이에 격노한 휘슬러는 러스킨에 고소로 답했다. 재판은 법정에 들어가기 위해 기다리는 군중이 있을 정도로 사회적인 사건이었다. 유명한 예술 비평가와 사회에서 가장 날

108

〈회색의 편곡: 화가의 초상Arrangement in Gray: Portrait of the Painter〉
제임스 맥닐 휘슬러, 1872년경

카로운 재치꾼 사이의 공방은 흥미로울 수밖에 없었다. 또 실제로도 그러했다. 러스킨의 변호사가 휘슬러에게 물었다. "그래서 이 그림을 그리는 데 얼마나 걸렸나요?" 휘슬러가 이틀이 걸렸다고 답하자 변호사는 "이틀이요? 이틀 치 노동에 대해 200기니를 지불하라는 건가요?"라고 되물었다. 이에 그는 임기응변을 발휘해 이렇게 답했다. "아니요, 그것은 제가 평생 동안 작업에서 쌓은 지식의 가격입니다." 방청석은 일제히 일어나 그에게 환호했다. 그렇게 휘슬러는 그날 승리를 거머쥐었다. 그런데 이번에는 나비 꼬리의 침이 그를 겨누고야 말았다. 재판에서는 승소했을지 몰라도 그것은 사실 수천 달러보다는 1파딩[56]의 가치에 불과한 것이었고, 그보다 더 중요한 명예가 훼손되었던 것이다. 이 사건으로 인해 그는 자존감을 잃고 대중 앞에 당당히 서는 일에서조차 특유의 의기양양함을 보여주지 못했다.

주목할 만한 여성
리타 오라

영국 출신의 아름다운 팝스타 리타 오라Rita Ora가 자신의 마음을 움직인
다섯 개의 트랙을 소개한다.

〈돈 스피크Don't Speak〉
노다웃No Doubt

"그웬 스테파니Gwen Stefani[57]는 저의 롤모델이에요. 그리고 제가 이 밴드에 빠
진 건 바로 이 곡 때문이에요. 그녀는 정말 자신감으로 가득 차 있고, 밴드의 남
성 멤버들 역시 정말 쿨하죠. 좋아하지 않을 이유가 없어요."

〈노 오디너리 러브No Ordinary Love〉
샤데이Sade

"아버지가 가장 좋아하는 가수였기 때문에 어린 시절 집에서는 항상 그녀의 음악이 들리곤 했어요. 샤데이의 목소리와 열정을 사랑해요. 그리고 이 뮤직 비디오도 정말 멋지죠!"

〈아이 윌 웨이트I Will Wait〉
멈퍼드 & 선스Mumford & Sons

"저는 이토록 단순한 방식으로 가사를 쓰는 그들의 방식이 좋아요. 듣자마자 귀에 착 감기고, 마치 제가 그 노래의 한 부분인 것처럼 느껴지게 만들거든요. 정말 놀라운 일이에요."

〈파티 앤드 불싯Party and Bullshit〉
노토리어스 B.I.G. The Notorious B.I.G.

"웨스트 런던에서 자랐기 때문에 힙합은 제게 큰 영향을 주었어요. 의심의 여지 없이 가장 좋아하는 트랙 중 하나예요."

〈크레이지 인 러브Crazy in Love〉
비욘세Beyonce

"이 노래는 제게 성가와도 같아요. 파워풀한 여성을 좋아하는데, 비욘세는 그 누구보다 바로 그러한 유형을 대표하죠."

르 코르뷔지에

모더니즘 건축의 거장 르 코르뷔지에Le Corbusier의
삶과 스타일을 들여다본다.

글 앨리스 로스손Alice Rawsthorn
(『인터내셔널 헤럴드 트리뷴International Herald Tribune』의 디자인 평론가)

1935년 10월 르 코르뷔지에가 뉴욕현대미술관에서 열릴 본인의 건축 전시회를 위해 뉴욕을 처음 방문했을 때, 그는 뉴욕의 마천루들—특히 엠파이어 스테이트 빌딩—에 마음을 빼앗겨 당시 친구에게 이렇게 말했다고 한다. "보도에 드러누워 영원히 그 빌딩의 꼭대기만 쳐다보고 싶었다니까."

40대 후반 즈음, 르 코르뷔지에는 디자인에서의 '과격파 대 전통파' 투쟁에서 선봉자로 활동하며 과격파 동료들에게는 우상시되고, 보수적인 전통파들에게는 비난을 받았다. 그가 사망한 지 거의 50년이 지난 2013년, 뉴욕현대미술관은 큰 규모의 또 다른 르 코르뷔지에 회고전을 열었고, 이 전시는 가장 영향력 있는 현대 건축가라는 그의 명성을 더욱 군건하게 해주었다.

마르셀 뒤샹Marcel Duchamp이 없었다면 현대 미술도 지금과 같지 않고, 제임스 조이스James Joyce가 없었다면 문학도 그러할 것이며, 이브 생 로랑Yves Saint Laurent이 없었다면 패션도 이와 같지 않았을 것이다. 마찬가지로, 우리를 둘러싼 환경—집, 학교, 마을 혹은 도시—역시 르 코르뷔지에가 없었다면 지금과 분명히 달랐을 것이다. 그 이유는 무엇일까?

자신의 분야를 새롭게 개척한 대부분의 개척자들처럼 르 코르뷔지에는 뛰어난 재능뿐만 아니라 적절한 타이밍을 선물받았다. 그가 경력을 쌓아나가기 시작한 1900년대 초반은 전기와 전화, 비행기, 자동차 등이 사람들의 삶에 자리를 잡기 시작한 때였다. 사회의 모든 측면에 있어 재검토가 필요했고 여기에는 르 코르뷔지에가 즐겨 도전한 건축도 포함되어 있었다. "시기적으로 건축이 무르

익는 때였습니다. 바보짓이 아닌 진짜 건축이요."

그의 첫 번째 디자인 프로젝트는 자기 자신을 만드는 일이었다. 1887년, 스위스의 조용한 시계 마을인 라쇼드퐁에서 샤를 에두아르 잔네레 그리Charles-Édouard-Jeanneret-Gris라는 이름으로 태어난 그는 1917년 파리로 이주하기 전까지 이곳에서 자신의 커리어를 쌓기 시작했다. 먼저 외할아버지 성에서 따온 '르 코르뷔지에'라는 이름으로 지체 없이 개명했으며 트레이드 마크가 된 뿔테 안경을 착용하기 시작했다. 자신의 작업을 알리는 데에도 능숙했던 그는 자신의 건물 사진을 자주 이용했으며(그의 안경이 소품으로 자주 등장했다) 여기저기 많이 기고하는 방식으로 다른 건축가들로 하여금 본인의 용모만큼이나 건축에 대한 자신의 생각에 익숙해지도록 만들었다. 렘 콜하스Rem Koolhaas부터 자하 하디드Zaha Hadid까지 미디어에 많이 소개된 르 코르뷔지에의 계승자들은 훗날 그와 동일하게 독특한 캐릭터를 구축하기 위해 비슷한 전략을 도입한다.

하지만 르 코르뷔지에의 진정한 유산은 건축물이라 해야 할 것이다. 1920년대 그는 우아한 빌라 사보아Villa Savoye와 함께 파리 시내와 주변의 다른 순수주의[58] 빌라처럼 기하학적이고 깨끗한 벽 구조를 만들기 위해서 주로 자동차나 항공산업 같은 다른 분야에서 발견한 신소재나 공사 기법을 건축에 적용시킨 '기계미학machine aesthetic' 혹은 '인터내셔널 스타일International Style'이라는 개념을 개척했다.

1930년대 후반부터 그는 계속해서 '브루탈리즘'[59]이라 불리는 견고한 친환경적 건축 스타일을 창조하기 위해 콘크리트를 나무나 돌 같은 자연 소재와 결합시키기 시작했다. 이러한 그의 실험은 프랑스 동부에 위치한 롱샹 성당과 거대한 콘크리트 건물이 주변의 초록 식물에 둘러싸여 '아름다운 도시City Beautiful'로 칭송받는 북인도의 찬디가르 등 제2차 세계대전 이후의 보석 같은 결과물에서 절정에 달한다.

기계 미학이나 브루탈리즘을 통해 르 코르뷔지에는 20세기 건축의 지배적인 스타일을 정의했다. 다른 많은 건축가들도 그것들을 시도했지만, 르 코르뷔지에와 같은 침착함은 거의 찾아볼 수 없었다. 그는 기술 진보적인 사람이었지만 건축의 감성적이고 감각적인 측면 역시 이해했다. 그 자신이 뛰어난 화가이기도 했기 때문이다. 특히 그는 건물에 작품성을 가득 담았는데, 마치 그 건물에 존재하는 듯한 경험을 아주 능숙하게 만들어냄으로써 누구나가 어디에서건 건물을 마주할 때마다 매혹적인 느낌을 받을 수 있도록 했다.

그럼에도 불구하고 르 코르뷔지에는 살아생전에도, 죽음 이후에도 특히 전후

위니테 다비타시옹L'Unité d'Habitation, 마르세유, 1952년

지어진 음울한 건축물로 인해 비난받는 등 여전히 논쟁의 중심에 있는 건축가
다. 그렇지만 그의 작품이 영감을 많이 주었다고 해서, 모방자들이 완성한 디자
인에 과연 그의 책임을 물을 수 있을까?

프랑스 마르세유에 있는 르 코르뷔지에의 대형 주거 프로젝트인 위니테 다
비타시옹을 떠올려보자. 찬디가르 프로젝트처럼 미묘하게 조각된 콘크리트는
빛과 색, 소재와 자연의 푸른빛으로 활기를 띤다. 독일의 건축가 발터 그로피우
스Walter Gropius는 이 건물의 개관식에서 이렇게 말한 바 있다. "위니테 다비
타시옹을 보고 아름답다고 생각하지 않는 건축가는 지금 당장 연필을 놓는 편
이 나을 것이다."

르 코르뷔지에는 건축 스타일만큼이나 개인적인 패션 스타일도 독특했다. 둥
글고 두꺼운 뿔테 안경, 포켓 스퀘어와 보타이를 매치한 넓은 라펠[60]의 더블브레

스트 재킷은 그의 시그니처 룩으로, '건축가 스타일'의 선례로 자리 잡았다. 그는 도안을 그릴 때조차 깔끔한 스리 피스 슈트를 거침없이 착용했으며, 플란넬 팬츠나 체크 블레이저와 같이 캐주얼한 스타일도 능숙하게 소화했다. 이토록 르 코르뷔지에는 삶 자체가 스타일리시했는데, 죽음조차도 묘하게 우아한 구석이 있다. 77세의 르 코르뷔지에는 의사의 경고를 무시한 채 모나코 주변의 지중해 바다에 수영하러 들어갔고, 그 이후 영영 돌아오지 않았다.

1946년 5월 파리 사무실에서 건축 도안을 살펴보고 있는 르 코르뷔지에

알아두면 좋은 요령

지극히 습관적이면서도 예기치 않은
인생의 다양한 난제에 대해 전문가들이 실용적인 조언을 제공한다.

음악 마니아가 되는 법

글 팀 존즈Tim Jonze
(guardian.co.uk의 음악 담당 에디터)

외부에서 볼 때 음악 마니아가 되는 건 쉬워 보일지 모른다. 그저 공연장 좀 찾아다니고 희귀 음반 좀 모으면 되는 거 아닌가? 저런, 이렇게 생각하는 사람들은 정말이지 음악 전문가가 되기 위해 들어가는 피와 땀, 그리고 희귀한 비 사이즈B-sides[61]를 배우는 과정을 전혀 모르고 말하는 거다. 음악 팬덤의 최고점을 찍는 일은 많은 연구와 늘 앞서나가기 위한 끈기, 그리고 온전한 정신을 유지하기 위한 노력 등을 포함해 마치 정규직으로 근무하는 것과 같다. 아니 그런데 애초에 음악 마니아가 되는 건 재미있는 일이라고 그 누구도 말한 적이 없는 것 같은데, 맞나?

118

1
장르를 정하라

포크트로니카[62]에서 들은 프리 재즈 음악에 대해 알기까지 오랜 시간이 걸린다고 생각할지 모르지만, 일단 기본만 습득하면 어느 정도 개념이 잡힌다. 온라인에서 주요 곡을 듣고, 각 장르의 대표곡을 찾아보면 된다. 강력하고 가차 없이 계속되는 비트? 테크노다. 베이스가 너무 강렬해서 마음 깊숙한 곳을 두드린다고? 덥스텝[63]일 확률이 높다. 긴 머리의 남자가 멜로디 흐름과는 전혀 안 어울리게 소리를 반복해 질러댄다면? 그건 헤비메탈이다.

2
전문 분야를 골라라

많은 음악 마니아들이 으레 "우린 모든 음악을 좋아해요"라는 식의 말을 한다. 마치 집에서는 컨트리 록을 듣고, 자메이카의 수도 킹스턴의 댄스홀에서는 땀을 흘리며 열광적으로 춤추는 캐주얼한 태도를 수용하듯이 말이다. 그러나 현실에서는 좀 더 구체적일 필요가 있다. 1968년경 미국 웨스트 코스트에서 꽃피운 사이키델릭 록을 좋아한다고 한들 부끄러움을 느낄 필요가 없는 것이다. 일렉트릭 프룬스The Electric Prunes[64]의 모든 곡 이름과 발매연도, 카탈로그 넘버만 확실히 알아두면 된다.

음악을 입어라

음악을 편안하게 즐기고 싶다면, 특히 공연장이라면 의상 스타일이 중요하다. 인디밴드 공연에서 스키니진은 앞머리만큼이나 여전히 중요한 필수 아이템이다. 체크 셔츠와 수염은 어딘가 포크적이거나 시골스러운 분위기를 연출하는 데 그만이다. 그리고 만약 당신이 바버Barbour 재킷에 투박한 장화, 거기에 밴조[65]까지 둘렀다면 어쩌다 멈퍼드 & 선스의 팬이 된 것일 테고, 이러한 룩을 연출하려면 거울 앞에서 상당한 시간이 필요할 것이다.

4
직접 참여하라

음악 마니아가 된다는 것은 저 먼발치에서 지켜보는 게 다가 아니다. 'DIY 아니면 DIE'[66]는 일종의 주문이니, 당신도 가장 좋아하는 분야에 기여해보면 어떨까. 블로그를 시작하거나 몇 개의 라이브 동영상을 업데이트해보라. 스스로 음반을 출시하는 것도 좋은 방법일 수 있다. 500장의 앨범 재킷에 한정판 번호를 쓰는 것 자체가 토요일 밤을 멋지게 보낼 수 있는 아이디어라면, 실제로 정말 그럴지도 모른다.

5
언어를 공부하라

음악 전문가들의 포럼은 온갖 약자들(예를 들어 BPM! LFO!)과 해괴한 전문 용어가 가득한 결속력 강한 집단의 장일 수 있다. 처음엔 구글 번역에 많은 단어를 쳐볼 수밖에 없겠지만, 인내하고 계속 나아가야 한다. 외부에서 이렇게 떠드는 것을 듣고 싶은 마니아는 없을 테니 말이다. "알죠? 중간쯤에 나오는 저 떨리는 신스 비트요." 로 엔드 프리퀀시low-end frequencies는 dubstepforum.com에서, 칠웨이브[67]나 클라우드 랩[68]은 『피치포크Pitchfork』[69]에서 배울 수 있다.

6
의 견 을 표 출 하 라

이것이 바로 당신이 신예에서 진정한 전문가로 거듭나는 방법이다. 우선 사람들의 이목을 끌 만한 의견—누군가 당신의 의견을 청하지 않았다 하더라도—을 던지는 좋은 방법은 신성시되는 뮤지션을 철저하게 해부하는 것이다. 예를 들면 "프린스Prince는 실은 과대평가되었다"라든가, "마룬 5Maroon 5는 비치 보이스The Beach Boys보다 뛰어난 밴드다"와 같은 의견 말이다. 아, 마지막 말은 하지 않는 편이 좋겠다.

쉽 게 범 하 는 실 수

너 무 뒤 처 지 는 것

이미 모두가 미겔Miguel로 넘어와 열띤 토론을 할 때, 뒤늦게 프랭크 오션Frank Ocean의 새 앨범을 거론하는 건 아무 의미가 없다. 트위터twitter에서 재치 있는 명언을 날리는 것처럼 이 게임에서는 누가 먼저 화제를 일으키는가가 가장 중요한 포인트다.

감 추 지 않 는 것

만약 마니아적 성향이 당신의 전부라면, 조금 희미하게 감추는 것도 생각해볼 필요가 있다. 그 누구도 비틀스The Beatles의 애비 로드에 찾아가 보자는 당신의 제안에 반응하지는 않을 테니까 말이다. 차라리 예를 들어 얼마 전에 결성한 트란실바니아Transylvania[70]의 트립합[71] 그룹이라면 모를까.

모 르 는 것 을 너 무 솔 직 히 인 정 하 는 것

저스틴 팀버레이크Justin Timberlake의 힙합 음반 제작에 대해 열광적으로 극찬을 늘어놓았다가 "저기요, 지금 팀발랜드Timbaland[72] 말씀하시는 거죠?"라는 말로 비웃음거리가 된 적이 있는가. 이 경우 물론 모른다고 솔직하게 인정할 수 있다. 하지만 반대로 어깨를 으쓱하며 이렇게 얘기해보면 어떨지. "아, 그쪽이 앨범을 안 들어본 모양인데……." 단, 상대방이 자리를 뜨기 전에 재빨리!

프로처럼 세차하는 법

글 월터 그레이Walter Gray

(렐러스 세차 서비스Lellers Car Valeting Service 대표)

1986년 영국의 하트퍼드셔에서 비즈니스를 시작한 렐러스는 영국 프리미엄 세차 업계에서 굴지의 이름이 되었다. 런던 중심부에 두 개의 영업소를 운영하고 하트퍼드셔에도 하나를 운영 중인 이 회사는 페라리, 재규어, 애스턴 마틴Aston Martin, 람보르기니Lamborghini와 같은 유수의 자동차 브랜드를 취급하며 런던 고급 호텔의 방문 서비스, 영국 전역 개인 고객들의 차량 관리 서비스를 제공하고 있다. 그런 의미에서 월터 그레이는 세차라는, 가장 남성미 넘치는 활동에 대해 조언해줄 적격의 인물이다. 지금부터 그가 소개하는 풀 워시full wash 방법이 힘든 노동처럼 들린다면 다음의 유용한 팁을 잘 새겨듣기 바란다. "시간적 여유가 없다면 일단 휠과 창문, 그리고 대시보드를 닦아보세요. 이 세 곳만 잘 관리해도 차가 한층 깨끗해 보일 겁니다."

1
준 비 물

공기 분사형 청소기, 휠 세척용 특수 세제, 바퀴 닦는 칫솔, 각종 스위치에 낀 먼지를 털어내기 위한 작은 미술용 붓, 청소기, 세차용 장갑, 창문 닦는 천, 자동차 차체와 창문 유리용 왁스, 타이어와 범퍼를 위한 비닐 광택제, 그리고 차를 닦고 말릴 때 사용할 초극세사 헝겊이 필요하다.

2
진 흙

자동차에 묻은 모든 진흙과 잔해물 제거에는 공기 분사형 청소기를 사용하라. 특히 휠 아치 내부에 꼼꼼하게 분사하도록 하자. 많은 사람들이 휠 아치 내부는 잘 닦지 않는데, 이곳에 뭉쳐진 진흙은 수분기를 머금고 있어 녹을 슬게 하고 결국 차를 조작하는 데에도 영향을 미치기 때문에 잊지 말아야 한다. 우리는 타르 혹은 접착제 제거제 등을 사용해 차량 아랫부분에 묻은 각종 페인트도 제거한다. 닦기 전 10분 정도 발라놓으면 된다.

3
바퀴

공기를 분사하기 전 바퀴의 합금 부분에 휠 클리너를 충분히 도포하라. 차를 약간 움직여 바퀴가 180도 돌게 하고 이 절차를 반복해 바퀴 전체에 클리너가 잘 묻도록 한다. 그런 다음 칫솔을 사용해 바퀴의 홈을 살살 닦아준다. 우리의 경우, 타이어는 비닐 광택제로 마무리한다.

4
내부

차량의 모든 문과 트렁크를 열어라. 우선은 한쪽 방향에서부터 시작해 주변을 돌며 문 쪽을 청소하고 나서 차량 내부와 트렁크에 청소기를 돌린다. 다양한 스위치 주변에 낀 먼지는 작은 미술용 붓을 사용해 제거하면 된다. 대시보드는 초극세사 헝겊으로 닦도록 한다.

5
창문

나는 운전자의 창문부터 시작해 먼저 안쪽을 닦고 그다음 바깥 유리를 닦는다. 항상 안과 밖을 한 세트로 닦아야 하는데, 그렇지 않으면 유리의 어느 쪽에 얼룩이 있는지를 볼 수 없기 때문이다. 창문 닦기 용도의 특별한 천을 쓰는 것이 좋다. 창문 유리에 물 자국이 남았다면, 자동차 광택제를 사용해 닦아낼 수 있다.

6
차 체

우선 보닛부터 시작하라. 그리고 한 번에 한 패널씩 차를 빙 돌며 작업한다. 날씨가 너무 덥거나 차가 크다면, 반을 먼저 청소하고 말린 뒤 반대편을 시작하길 추천한다. 이렇게 해야 차체에 물이 마르면서 생기는 자국을 방지할 수 있다. 차체는 물을 살짝 머금은 초극세사 천에 광택제를 섞어서 살살 닦아내면 물기가 빠르게 제거된다. 차의 페인트를 보호해줄 광택제는 한 달에 한 번 혹은 6주에 한 번 전체적으로 발라주기를 권장한다.

쉽 게 범 하 는 실 수

먼 지 모 으 기

대시보드에 광택제를 사용하면 먼지와 유분을 끌어모으는 잔류물이 남는다.

물 자 국 남 기 기

세차 후 창문을 제대로 말리지 않으면 수분이 날아가면서 지저분한 물 자국이 남는다.

페 인 트 에 흠 집 내 기

수압이 센 호스를 사용해 모든 진흙과 불순물을 날리기도 전에 차체를 스펀지로 먼저 슬금슬금 닦는다면, 스펀지 밑에 모래가 끼어 오히려 차량 페인트에 흠집을 낼 수도 있다.

흡 연 하 기

차 안에서 담배를 피운다면, 냄새는 영원히 빠지지 않을 것이다.

넥타이 딤플 만드는 법

글 맨셀 플레처

학창 시절 전시 오프닝 행사에 초대받은 적이 있었는데, 평소에는 잘 입지 않던 재킷과 타이를 착용할 기회이기도 했다. 옷을 갖춰 입으면서 시간을 조금 투자해 넥타이의 매듭을 깔끔하게 매만졌고, 당시 여자친구에게 나의 넥타이 딤플[73]을 자랑스럽게 보여주었다. 그녀는 누가 요즘 이런 것에 신경을 쓰느냐며 비웃었지만, 나는 이후 갤러리에서 만난 나이 지긋한 여성에게 타이를 정말 잘 맸다고 칭찬받았다. 그 이후에도 넥타이 딤플을 향한 나의 애정은 당시 여자친구와의 관계와는 다르게 지속되었다.

실용적인 테크닉을 살펴보기 전 타이 딤플의 철학을 이해하는 것이 중요하다. 이는 교묘하게 불완전한 인상을 만들어주는 기교적인 요소이기 때문이다. 무슨 말인가 하면, 딤플은 스프레차투라[74]의 이미지를 드러내고 싶은 남자들에게 필요한 것이란 얘기다. 이 용어는 스타일링에 관한 다분히 전략적인 애티튜드를 의미한다. 그러니까 비록 타이 딤플에 신중하게 공을 들인다 할지라도, 자연스럽고 무심한 듯 능수능란하게 매만지는 것이 중요하다는 얘기다.

127

1
편안하게 시작하기

마음을 편히 갖고 심호흡을 하자. 스트레스를 받으면 무심한 듯 자연스러운 딤플을 만들지 못한다. 우선 포 인 핸드 노트[75]를 기준으로 해보자. 딤플은 당신이 어떤 종류의 매듭을 선택하건 동일하게 나온다. 먼저 타이를 목에 두르고 앞 대검이 왼쪽 아래로 내려오게끔 하면서 길이는 뒷 대검보다 살짝 길게 한다(왼손잡이의 경우 이와 반대로 진행하면 된다). 어떤 사람들은 셔츠의 윗 단추를 잠그기 전에 타이를 목에 얹고 셔츠 칼라를 내리기도 하는데, 딤플을 만드는 데 있어 크게 중요한 문제는 아니다.

2
매듭 만들기

앞 대검을 뒷 대검 위에 교차해 올려놓고, 왼손으로 타이를 잡아 엄지손가락이 뒷 대검의 뒷부분으로 가게 한다. 이어 검지는 대검의 사이에 위치하게 한다. 앞 대검으로 뒷 대검을 한 번 감아주고, 앞으로 온 앞 대검을 매듭 뒤로 가져가 다시 돌린 후 위로 넘겨 올린다.

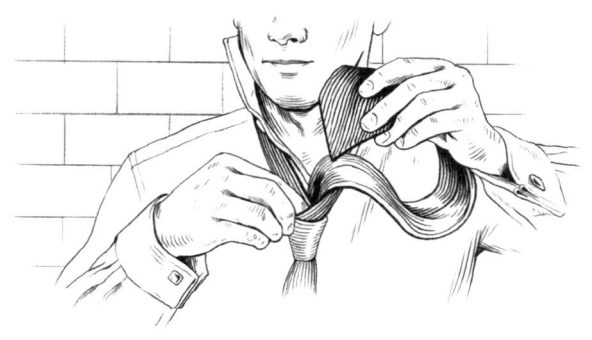

3
딤플 만들기

앞 대검을 틈 사이에 넣어 통과시킨다. 이때 왼손의 검지가 잘 지탱하도록 한다.
매듭을 얼마나 세게 당기느냐가 딤플의 모양을 좌우한다. 만약 앞 대검을 매듭
사이로 넣어 당기면서 양쪽을 꽉 죄면 중간 혹은 그 근처에 딤플이 생길 것이다.
매듭을 칼라 사이로 밀어 올리면서 왼손 검지로 매듭을 누르면 앞 대검과 만나
게 된다. 이제 딤플이 생겼을 것이다.

4
길 이 조절하기

딤플을 조정하고 싶을 땐 다른 생각을 하면서 재빨리 실행에 옮기도록 한다. 좋은 딤플은 무심한 듯한 멋과 너무 잘 만들어지지 않은 듯한 분위기를 풍겨야 한다. 두 대검의 길이도 만족스러운지 확인하라. 앞 대검이 벨트 밑으로 내려오지 않는 것이 가장 좋다. 나는 두 대검의 길이가 서로 다른 것을 선호하는데, 뒷 대검이 앞 대검보다 살짝 긴 것이 보기 좋다. 이 길이를 눈에 거슬려 하는 이들도 더러 있지만, 사람들의 눈을 모두 신경 쓸 필요는 없다.

5
청중 파악하기

뒷 대검을 앞 대검 쪽으로 빼서 좀 더 눈에 띄도록 해본다. 물론 어떻게 하느냐는 내 기분에 따라서도 그렇지만 어디에 가느냐에 따라 달라지기도 한다. 파티에 어울리는 룩이 이사회 미팅에는 적절하지 않을지도 모르니까 말이다.

쉽게 범하는 실수

잘못된 폭

타이의 폭이 좁을수록 딤플을 만드는 것이 어려워진다. 폭이 6센티미터인 타이에 딤플을 만들겠다는 건 그야말로 도전에 가깝다.

잘못된 소재

아주 얇은 면 소재의 타이는 딤플을 만들고 유지시키기에는 지나치게 부드럽다.

잘못된 매듭

도톰하고 무거운 윈저 노트Windsor knot는 우아한 딤플의 특징인 애쓰지 않은 듯한 멋스러움과는 상극이다.

너무 열심히 만드는 것

강박증을 가진 종이 접기의 대가 수준으로 타이 딤플을 만들려고 하면 결코 원하는 모양이 나올 수 없다.

잘못된 디자인

타이 자체가 밉다면, 세계에서 가장 우아한 매듭도 낭비에 불과하다.

잘못된 접근

딤플을 만들 땐 손가락을 사용하라. 딤플 메이커 같은 기구는 쓰지 말자.

루프를 사용하는 것

타이에는 대부분 앞 대검의 뒷면에 뒷 대검을 넣어 고정시킬 수 있는 천으로 된 고리가 있다. 스타일이라는 것은 마치 나비 표본처럼 핀으로 고정할 수 있는 것이 아니다. 이 말인즉슨, 움직임은 스타일의 필수적인 부분이란 얘기다.

곰을 만났을 때
남자답게 대처하는 법

글 프랭크 미니터Frank Miniter
(『뉴욕 타임스』 베스트셀러 『남자의 서바이벌 가이드
The Ultimate Man's Survival Guide』 저자)

"곰이 공격한다니, 그럴 일이 있을까?" 지금 당신이 이렇게 생각한다면, 나의 답변은 이러하다. 그럴 확률은 계속 늘어나고 있다고. 실제로 북미만 해도 75만 마리 이상의 흑곰이 살고 있으며 5만5천 마리 이상의 회색곰이 서식 중이다. 물론 환경적으로는 성공적인 숫자다. 하지만 이는 다른 말로 등산을 즐기는 사람이라면 뜻밖의 만남에 대비해둬야 한다는 뜻이다.

　만약 당신이 숲에서 곰을 마주친다면 어니스트 헤밍웨이Ernest Hemingway의 단편 소설 『프랜시스 매코머의 짧고 행복한 생애The Short Happy Life of Francis Macomber』가 순간 떠오를지도 모른다(만약 이 책을 모른다면 꼭 읽어보길 추천한다. 정말 남자다운 이야기니까). 지난 몇 년 동안 나는 흑곰을 두 번 마주쳤고 회색곰이 나를 향해 으르렁거리는 걸 몇 번이나 목격했다. 이러한 원시적인 상황에서 남자답게 행동하는 핵심은 해야 할 일과 절대 해서는 안 되는 일을 구분하는 것이다. 여기 몇 가지 팁을 제시한다.

1
소리지르며 도망가지 말라

곰과 관련된 지식을 다음의 오래된 농담에 의존하지 말라. 마른 남자가 뚱뚱한 남자에게 말한다. "아냐, 넌 몰라. 난 곰보다 빨리 뛸 필요 없고, 일단 너보다만 빨리 뛰면 돼." 곰에게 등을 보이며 도망치는 것은—특히 어린 여자아이처럼 소리지르며 도망간다면 더욱—곰의 포식 본능을 자극할지도 모른다. 천천히 침착하게 뒷걸음질 쳐라.

2
연습은 완벽을 기하는 길이다

30년간 회색곰을 연구해온 전문가 마이크 매들Mike Madel과 일한 적이 있다. 그는 회색곰을 물리치기 위해서 항상 커릴리언 베어 도그Karelian Bear Dog를 데리고 다니며 고무 총알을 넣은 총으로 곰을 위협하기도 하고 문제가 있는 곰은 죽이기도 하는 안타까운 임무도 수행한다. 그런 그도 언제나 곰 퇴치용 스프레이를 바지 뒷주머니에 가지고 다닌다. 그의 조언은 이렇다. "조금 낮게 조준해서 곰의 얼굴에 정확히 분사하세요. 곰이 등을 돌릴 때까지 계속 쏴야 합니다. 여분도 꼭 가지고 다녀야 하고요." 물론 여기에는 연습이 필요하다. 곰이 공격하는 순간 스프레이 캔의 사용법을 읽을 수 있을 거라 생각하는가? 흠, 행운을 빈다.

3
곰 퇴치용 스프레이는 벌레 퇴치용 스프레이가 아니다

불곰들이 연어 낚시를 즐겨 하는 알래스카의 애니악강Aniak River에 나 역시 연어 낚시를 간 적이 있다. 그곳에서 엄청난 후추 향을 풍기는 배낭 여행객들과 마주친 적이 있는데 얼마나 심했던지 매운 음식이 당길 정도였다. 나는 그들에게 무슨 음식을 먹은 건지 물어보았다. 곧이어 그들이 배낭에 곰 퇴치용 스프레이를 뿌린 것이라는 사실을 알게 되었다. 곰을 퇴치하기 위해 온몸에 향신료를 뒤덮은 것이다. 후추 스프레이라고도 불리는 곰 퇴치용 스프레이는 캡사이신 성분으로 만들어져 공격해오는 곰의 얼굴에 뿌리도록 고안되었는데 실제로 꽤 효과적이다. 물론 벌레 퇴치용 스프레이와는 다르다. 그러니 몇 개를 사서 허리춤 어딘가에 반드시 소지하는 것을 잊지 말자.

4
음식을 걸어놓아라

곰이 당신의 텐트로 향해 오는 걸 막고 싶다면, 캠프 장소에서 50미터 혹은 그 이상 떨어진 곳에 있는 나무에 음식이나 더러운 식기들을 걸어두어라. 서로 4~5미터 정도 떨어져 있고 마찬가지의 높이에 있는 나뭇가지 두 개를 골라라. 밧줄의 한쪽 끝을 주먹만 한 돌에 이어 묶고 다른 한쪽은 나무 몸통에 묶는다. 그런 다음 돌을 던져 두 개의 가지를 잇따라 넘긴다. 가지 사이에 놓인 줄의 중간쯤에 매듭 고리를 만들어 묶는다. 여기에 잘 봉인하고 방수 처리한 음식 주머니를 당겨 죄이는 매듭으로 묶는다. 반대쪽 끈을 잡아당겨서 음식 주머니가 3미터 정도 위로 올라갈 때까지 띄운다. 마지막으로 끈을 묶어서 고정한다.

5
상황을 파악하라

어쩔 수 없이 곰을 만났다고 치자. 우선 곰 퇴치용 스프레이를 꺼내고 침착함을
유지하자. 흑곰은 대체로 유순해서 공격받는 사람은 해마다 적은 편이다. 그런
데 실제로 공격이 이루어진다면, 포식성이 뛰어난 동물이기 때문에 여기서 죽
은 척을 한다는 건 대놓고 "날 드세요" 하는 것과 같다. 밤에 공격하는 곰은 포
식성이 더욱 강하다고 봐야 한다. 죽은 척하는 게 통할 때는 새끼 곰과 있는 암
곰을 마주쳤거나 퇴치 스프레이가 작동하지 않았을 때다. 나이 든 회색곰의 경
우 나무를 잘 타지 못하는 데 반해 흑곰은 잘 타기 때문에 나무 위로 올라간다고
해서 무조건 해결될 일도 아니다. 하지만 큰 소리를 내서 곰의 공격을 단념시킬
수는 있다. 냄비를 시끄럽게 두드리는 행동이 성공적이었다고 고백한 많은 사
람들의 실제 사례가 있다.

쉽게 범하는 실수

1

"봐봐, 저기 곰이 있어. 가서 먹을 것을 주자!"

2

"관리인들은 으레 곰 경고 표지판을 걸어놓자나. 무시해도 돼." 이렇게 말한 남자가 와이오밍주에서 목숨을 잃었다.

3

"야식을 먹고 싶을지 모르니까 이 샌드위치는 침낭 바로 옆에 두고 자야지."

4

"곰이 공격한다고? 번개 맞을 확률보다 낮을걸." 하지만 당신이 곰이 있는 장소에 간다면 이 확률은 급격히 높아진다. 만약 당신이 급류 타기를 좋아한다고 했을 때 익사 확률이 결코 평균과 같지 않은 것과 비슷한 이치다.

5

"곰 퇴치용 스프레이는 차에 안전하게 보관해야지." 깡통은 에어로졸이다. 내용물이 뜨거운 차 안에서 팽창하다가 결국 폭발할 수도 있다.

롤렉스를 사는 법

글 제임스 다울링James Dowling
(롤렉스 연구가이자 『최고의 시간: 롤렉스 손목 시계
The Best of Time: Rolex Wristwatches』의 공동 저자)

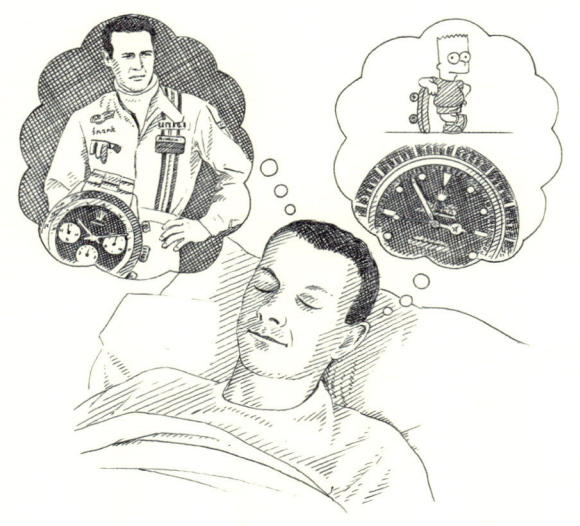

그래, 당신은 롤렉스를 사고 싶다. 이유는 다양하다. 어쩌면 밀라노에 갔다가 현지 멋쟁이들이 찬 모습에 마음을 빼앗겼을 수도 있고, 혹은 그냥 두툼한 보너스를 받았기 때문인지도 모른다. 이유가 무엇이든 간에 결정을 내렸다면 이제 당신은 인터넷 검색을 조금 시작해볼 것이다. 그다음은 아마 그 세계의 깊이에 진정으로 압도당해 무엇을 어떻게 해야 할지 감을 잡지 못할 게 뻔하다. 자, 마음을 편히 가져보자. 다음의 확실한 조언에 의지하기만 하면, 전문가답게 심사숙고해서 고른 롤렉스를 마음껏 즐길 수 있을 테니까 말이다.

1
당신의 스타일을 알라

궁극적으로는 사실 그 누구도 당신에게 가장 어울리는 롤렉스가 무엇인지 말해주지 못한다. 당신에게 가장 어울리는 것은 당신의 마음에 드는 것이고 당신의 라이프 스타일에 부합하는 것일 테니까. 슈트를 자주 입는다면 클래식한 디자인의 모델을 고르면 된다. 더 캐주얼하게 입는다면 그런 스타일의 디자인도 따로 있다. 롤렉스 브랜드는 100년이 넘는 역사를 지녔고, 그동안 다양한 모델들을 생산해왔다. 하지만 당신을 위해 쉽게 정리해보겠다. 만약 당신이 슈트족이라면 데이트저스트Datejust를 선택하라. 반대로 캐주얼족이라면 서브마리너Submariner를 추천한다.

2
언어를 공부하라

이 시계의 얼굴들을 자세히 보면, 'Rolex'라는 브랜드명 아래 'Oyster' 혹은 'Perpetual'이라는 단어가 적혀 있다. '오이스터'는 시계에 방수 기능이 있음을 뜻한다. 데이트저스트 모델은 50미터까지 방수가 가능하고, 서브마리너의 경우 그네 배의 방수 기능을 지원한다. '퍼페추얼'이라는 단어는 시계를 차고 다니는 동안 자동으로 태엽이 감긴다는 걸 나타낸다. 따라서 이런 시계는 가장 최근에 점검받은 시기가 언제인지 물어보는 것이 중요하다. 기계식 시계는 3년에 한 번씩 서비스를 받아야 한다. 그렇지 않으면 제대로 감겨 있지 않을 수 있다.

3
결정하라

그래서 빈티지 롤렉스를 사는 데 얼마를 지불할 것인가. 데이트저스트 모델이라면 약 300만 원 선부터 구할 수 있다. 서브마리너는 약 430만 원 정도다. 만약 플라스틱 대신 사파이어로 장식된 다이얼이 있는 시계를 생각한다면 예산을 좀 더 올려야 할 것이다. 사파이어는 스크래치에 더욱 강하지만 플라스틱은 한결 빈티지스러운 멋을 가지고 있다.

4
대가를 바라지 말고 구입하라

신상 롤렉스를 투자라고 착각하지 말라. 대부분의 롤렉스 시계는 숍을 나가는 순간부터 가치가 떨어지기 시작하는 것이 사실이다. 이런 이유로 중고 빈티지 롤렉스를 사는 것도 좋은 생각이다. 빈티지 롤렉스는 3~5년 정도 갖고 있으면 구매한 가격을 거의 확실히 되찾을 수 있기 때문이다.

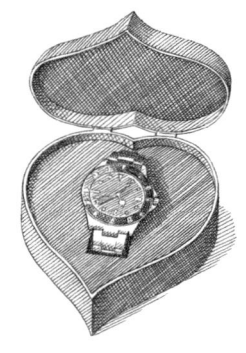

5
현재를 위해 구입하라

당신이 산 '신상' 롤렉스가 혹시 미래에 인기 많은, 가치 있는 모델이 될 거라고 생각하는가? 그건 아무도 모른다. 그러니 혹시 누군가 그런 말을 하더라도 절대 믿지 말라. 당신의 시계가 여태껏 가장 훌륭한 투자였는지는 오직 시간만이 말해줄 것이다. 그 시계가 어쨌든 당신이 지금까지 구입한 것 중 가장 좋은 시계라면, 그것만으로도 성공한 셈이니까.

쉽게 범하는 실수

급한 결정

처음 본 롤렉스에 빠져 집착하게 되면, 그것을 바로 사고픈 마음이 들 것이다. 하지만 절대 그래선 안 된다. 지난 25년간만 해도 매해 생산된 롤렉스 시계의 수가 50만 개가 넘는다. 조사하고 알맞은 때를 기다리면서 믿을 만한 자료를 찾아보라. 분명한 건 기다릴 가치가 충분하다는 것이다.

독특한 스타일

오래 지속될 수 없는 결혼은 해서는 안 된다. 이와 같은 맥락으로 때로 당신은 1970년대 다이얼을 장착한 1980년대 시계 혹은 다른 모델에 사용된 시계줄을 달아놓은 서브마리너 등이 마음에 들 수도 있다. 그런 모델이 매력적으로 보일지는 모르나 되팔기도 어렵고, 이 사실을 알게 되면 시계를 찬 손목을 쳐다볼 때마다 짜증이 날 것이다.

시간을 투자하지 않는 것

롤렉스 시계에 대한 수많은 책과 그보다도 더 많은 웹사이트가 있다. 무턱대고 결정을 내리기 전에 시간을 두고 정보를 읽어보고, 딜러와 수집가들을 만나 많은 이야기를 나누어보라. 리서치에 투자하는 시간은 절대 낭비가 아니다.

완벽한 페널티 킥을 차는 법

글 켄 브레이Ken Bray 박사

(『점수를 따는 방법: 훌륭한 경기의 과학

How to Score: Science and the Beautiful Game』의 저자)

저명한 스포츠 과학자이자 이론 분석가인 켄 브레이 박사에게 축구 페널티 킥의 몇 가지 팁에 대해 물었다. 자, 당신은 지금 바로 페널티 킥을 따냈고 직접 찰 예정이다. 혹은 당신의 팀은 계속해서 이 순간을 위해 싸워왔고, 당신의 이름이 페널티 킥 리스트에 올라와 있다. 떨린다고? 당연히 그럴 것이다. 스포츠에 있어서 가장 체력적이면서도 정신적인 대결을 시험하는 순간을 마주하게 된 것이니까. 당신이 국가대표팀에서 뛰든 동네 리그에서 뛰든 마찬가지로 긴장될 것이다. 누군가 말했듯 단지 가슴이 벌렁대는 문제가 아니라, 긴장이 마치 거대하게 떼 지어 몰려오는 상황이기 때문이다. 여기 페널티 킥을 성공으로 이끌 몇 가지 팁을 따라가 보길 바란다.

1
평온 유지에 집중하라

페널티 구역까진 걷지 말고 가볍게 뛰도록 하자. 아드레날린을 적정 수준으로 유지시키고 싶은 당신에게 가벼운 움직임은 신경을 편안하게 하고 스포츠 과학자가 말하듯 "심리적인 긴장"을 유지하게 해준다. 페널티 구역 바로 밖에서 걸음을 늦추고 숨을 깊이 들이쉬고 내쉰다. 자, 이제 공을 들어 올려 몇 번 돌리고, 상상이든 진짜든 페널티 킥 위치 주변의 영향을 미칠 만한 방해물들은 발로 밟아 없앤다. 이제 공을 조심스럽게 내려놓고, 2초 정도 골키퍼와 눈빛을 교환한다. 이 심리적인 대면에서 반드시 정신을 다잡아야 한다. 주문은 이렇게 한다. "내 공이고, 나의 페널티 킥이다".

2
까다로운 골키퍼 상대하기

당연히 골키퍼가 당신을 가만두지는 않을 것이다. 어쩌면 그는 골 라인을 살짝 넘어 나와 당신에게 친근한 농담으로 접근하려 할 수도 있다. 목적은 당신의 집중력을 흐트러뜨리고, 자신이 얼마나 크고 민첩한지를 강조하려는 것이다. 여기에 절대 휘말려서는 안 된다. 공 위에 발을 올려두고 심판이 골키퍼에게 다시 골대로 돌아가라고 주문할 때까지 침착하게 대기하라. 그리고 나서 발로 공을 돌려가며 슈팅에 걸리적거릴 만한 부분이 없게끔 지면을 평평하게 고른다. 골키퍼가 당신을 기다리게 만들어야 한다. 당신의 공이고 당신의 페널티 킥이다.

3
집중, 집중, 그리고 또 집중

이제는 당신이 달려나갈 위치로 돌아가 심판의 호각 소리를 기다릴 때다. 골키퍼는 미친 듯 주변을 뛰어다닐 테지만, 그가 골 라인 안에만 있다면 이는 얼마든지 허용되는 행동이다. 이것은 단지 당신의 집중력을 무너뜨리기 위한 또 다른 시도일 뿐이다. 공을 차 넣을 목표 지점을 바라보라. 마음의 눈으로 당신이 찰 슛을 시각화해보도록 하자. 스포츠 심리학자들은 이러한 테크닉을 '이미징 imaging' 기법이라 부른다. 집중력을 강화시키고 주변의 스트레스 요소를 잊기 위한 강력한 방법이다.

4
결정적 킥

아무리 유능한 골키퍼라 해도 한정된 범위 안에서 움직이기 마련이다(아래 삽화 참고). 골키퍼 범위 안을 목표로 하는 것은 아주 위험하다. 통계학적으로 페널티 킥의 50퍼센트는 골키퍼가 막기 때문이다. 반면 골키퍼의 범위 밖, 즉 그들이 막을 수 없는 구역을 겨냥해 찬 슛의 80퍼센트는 성공한다. 가장 적절한 슛은 골키퍼의 어깨 정도 높이를 겨냥해 그의 왼쪽이나 오른쪽을 향해 차는 것이다. 단 지면이나 골대 가까운 곳과 같은 위험 구역에 차는 슛은 실패 확률이 높으므로 최대한 삼가도록 하자. 여기서 중요한 건, 공을 있는 힘껏 차는 등 자신의 기량을 뽐낼 필요가 전혀 없다는 것. '페이스를 잘 찾아' 겨냥하는 것이 당신이 집중해야 할 부분이다.

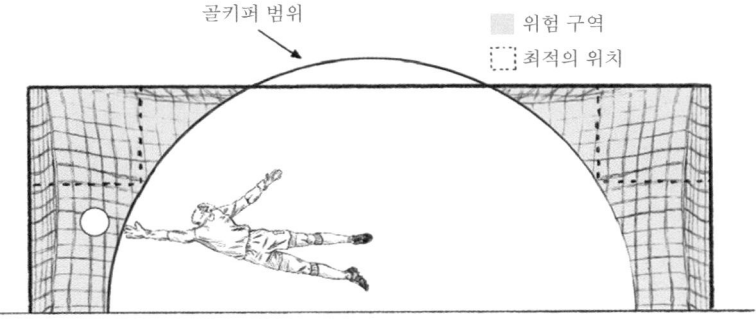

골키퍼 범위

위험 구역
최적의 위치

쉽게 범하는 실수

연습 게을리하기

영국의 한 축구 코치가 페널티 킥 연습이 쓸모없다고 한 건 이제 옛날 얘기가 되었다. 격렬한 트레이닝을 충분히 한 후 페널티 킥 기술을 연마하도록 하자. 단, 비어 있는 골대에 차는 연습은 필요없다. 현실성을 최대한 살리기 위해서는 골키퍼가 자리에 있는 것이 중요하다.

적절치 못한 도움닫기

한 발짝 물러나 한방의 무심한 회심의 슛을 날려 골키퍼를 쓰러뜨려 버리려는 상상은 하지 말기 바란다. 방향 조절과 속도가 매우 중요한 이 킥에서는 짧고 결단력이 있는 도움닫기에서 나온 슛이 이상적인 결과를 만들기 훨씬 쉽다.

생각 바꾸기

당신이 준비한 슛, 그러니까 심판이 호각을 불기 전 이미지화했던 그 슛을 차도록 하자. 왜 연습하지도 않은 슛으로 모험하려고 하는가. 가장 안 좋은 결정은 도움닫기를 하는 동안 전술을 바꾸는 것이다. 실제로 이는 코칭 매뉴얼에서 페널티 킥을 실패하는, 가장 빈번한 원인 중 하나로 꼽힌다.

여름철 발 관리법

글 조디 해리슨Jodie Harrison
(미스터 포터 에디터)

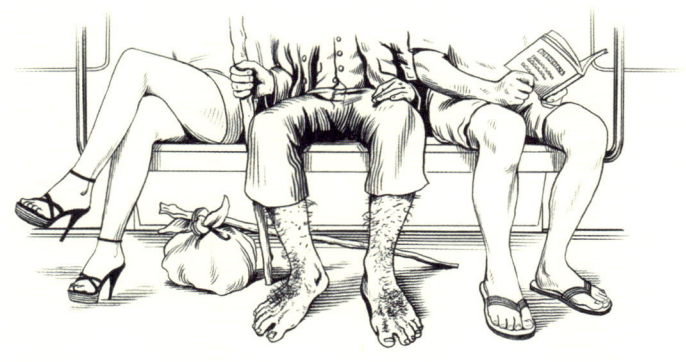

여름은 축제와 야외에서의 식사, 그리고 맨발을 과시할 일이 확실히 많은 때다. 하지만 안타깝게도 몇 달 동안 신발 속에 꼭꼭 밀어넣고 다닌 당신의 발은 마치 버섯이나 곤충의 유충과 같은 상태일 것이다. 정말 이런 발을 사람들에게 노출해도 될까? 아마도 아닐 것이다. 여름철 지하철이나 버스를 이용하는 출퇴근 길은 사람들에게 당신의 발을 직시할, 과도하게 많은 시간을 부여한다. 여성들은 모든 혹, 각질, 전체 발 형태 등을 세심히 살펴볼지도 모른다. 그러니 그다지 반갑지 않은 시선에 대비해 미리 준비하는 차원에서 조금 다듬어보면 어떨까? 여기 당신의 발을 호빗이 아닌 좀 더 사람 발처럼 보이게 하고, 새로 산 여름용 비치 샌들에 완벽하게 어울리도록 만들어줄 몇 개의 실행 가능한 팁을 정리해보았다.

1
솔직해지기

길거리 노점에서 파는 패티가 덜 익은 버거, 혹은 조카의 아파트 의자에 묻은 수상한 얼룩을 바라보는 그 비판적인 시선으로 자신의 발을 살펴보는 것으로 시작하자. 당신의 아이가 당신의 발을 편히 만지도록 하겠는가? 심각한 질병에 걸릴 걱정 없이? 만약 아니라고 답한다면 공공장소에서도 발을 드러내서는 안 된다. 그래도 아직 당신의 발을 구출해낼 방법이 있으니 계속 읽어나가길 바란다.

2
문지르기

가장 먼저 해야 할 일은 마치 존 롭John Lobb의 고급 신발을 손질하는 것처럼 당신의 피부를 부드럽게 만들 준비를 하는 것이다. 긴 시간의 샤워나 목욕을 통해 발에 있는 굳은살을 충분히 부드럽게 만들어주자. 그러고 나서 보디 스크럽 혹은 발 전용 스크럽제로 발을 5분 정도 문지른 뒤 말끔하게 헹군다. 발톱 역시 똑바른 모양으로 자른다. 너무 짧게 자르지 않도록 주의하라. 그런 다음 네일 브러시를 사용해 발톱과 큐티클을 충분히 문질러준다.

3
각질과 솜털 제거하기

발에 있는 죽은 각질을 제거하는 가장 좋은 방법은 전문가용 풋 파일foot file을 사용하는 것이다. 발에 난 각종 털이 덥수룩하고 지저분하다면, 털 주변에 직접적으로 IPL을 쏘아 모낭 자체를 파괴하는 레이저 시술을 몇 번 받는 것도 고려해볼 만하다.

4
발톱 관리하기

노랗게 변한, 부식된 발톱은 당신을 노인처럼 보이게 한다. 까만 멍이 든 발톱—축구나 마라톤을 하는 남성들에게서 흔히 발견되는 발톱 밑의 피 고임 현상—역시 딱히 호감을 살 요소는 아니다. 당신의 발톱 색이 나아질 기미가 안 보인다면, 발 치료사에게 진단받아 보기를 권한다. 네일숍은 당신의 부인이 발톱 색을 바꾸기 위해 찾아가는 곳이니 헷갈리지 말 것.

5
발가락에 파우더 뿌리기

발 전문가 바스티엥 공잘레즈Bastien Gonzalez에 따르면, 발과 양말, 그리고 신발 사이의 마찰을 줄이면 대부분 더욱 매력적인 발 상태를 유지할 수 있다. "저는 밤에 구두 안에 습기를 흡수하는 베이비 파우더를 뿌려놔요. 구두가 잘 마르면, 그 이후엔 슈트리shoe-tree를 넣어두죠. 그리고 신을 때마다도 파우더를 약간씩 뿌리고요. 발과의 직접적인 마찰을 줄여주거든요." 물론 파우더는 품질과 향 모두 뛰어난 것으로 선택하도록 한다.

쉽게 범하는 실수

발은 아무래도 상관없다고 생각하는 믿음

나는 남자의 발 상태와 침대에서 그 발로 자신의 발을 만지는 문제 때문에 그 남자와 헤어진 여자를 만난 적이 있다. 물론 그녀가 냉담하고 가벼운 여자이긴 했지만 이 이야기는 하나의 경고 메시지로 받아들일 만하다. 발 관리를 소홀히 한다면 여자가 당신을 사랑하는 정도도 조금 덜해질지 모른다.

샌들에 양말 신기

패션쇼에서 몇몇 디자이너가 양말과 샌들의 조합이라는, 의구심을 불러일으키는 스타일링을 선보이기는 하나 현실에서는 그 어떤 남자도 이런 룩을 선보여서는 절대 안 된다.

똑같은 신발 매일 신기

다양한 신발을 갖고 있는 남자가 못난 발을 가지고 있을 확률은 낮다. 신발의 땀이 마를 틈도 없이 매일 똑같은 신발을 신는다면, 최악의 경우 발과 신발이 모두 썩을 수도 있다.

프로처럼 칼질하는 법

글 요시노리 이시
(런던 미슐랭 레스토랑 우무Umu의 수석 셰프)

이 분야에서 프로가 되고 싶은 사람이라면, 연습만이 살 길이다. 충분히 오랫동안 연습한다면 눈을 감은 채로 칼질할 수 있고, 왼손가락으로는 재료의 두께를 가늠하고 오른손가락으로는 질감을 느낄 수 있다. 기억해야 할 요점은 일반적으로 다음과 같다. 좋은 칼을 쓸 것, 칼질은 부드럽게 할 것, 그리고 칼의 모든 부분을 사용할 것.

내가 일본에서 처음 칼질을 배웠을 때는 일명 '카츠라 무키', 즉 깎아썰기부터 시작했다. 이는 일본 전문 셰프들에게 가장 어려우면서도 중요한 기술이다. 이 기술은 채소의 매우 가는 리본을 만들 때 사용된다. 요리를 처음 배우기 시작했을 때 나는 저녁 근무가 끝난 뒤 매일 밤 칼질을 연습했다. 20년 동안 요리사로 일해왔지만 지금도 손가락 감각과 칼의 컨디션을 유지하기 위해서 매일 칼질을 연습한다.

1
도구 선택

손재주와 만들려고 하는 요리에 따라 적합한 칼을 선택하라. 칼을 구입하기 전 철 성분이 얼마나 포함됐는지, 그리고 칼의 용접 부분, 특히 자루 부분에 있는 용접의 흔적을 살펴보라. 이곳이 가장 약한 부분이다. 가장 좋은 칼들은 보통 한 덩어리의 스웨덴산 철강으로 만들어진다. 특히 칼날의 소재는 매우 좋은 품질 이어야 하는데, 실제로 가장 유명한 브랜드의 칼들을 살펴보면 이를 더욱 잘 확 인할 수 있다. 일본의 전문가를 위한 가장 좋은 칼은 '혼야키'로 불리는 한 덩어 리의 철로 만들어진다.

2
장비 준비

칼을 사용할 때마다 숫돌을 먼저 사용하도록 한다. 숫돌은 주방용품점에서 쉽 게 구할 수 있다. 나는 일본 세라믹 회사에서 만든 숫돌을 사용한다. 사용 전 숫 돌을 물에 충분히 담궈놓는 것을 잊지 말자. 숫돌 사용은 칼날을 날카롭게 살려 줄 뿐 아니라 여분의 불순물도 제거해준다.

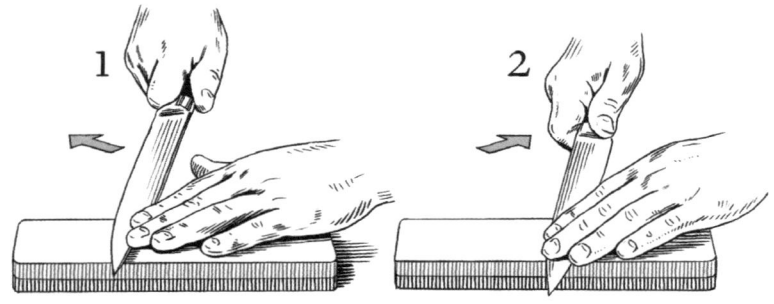

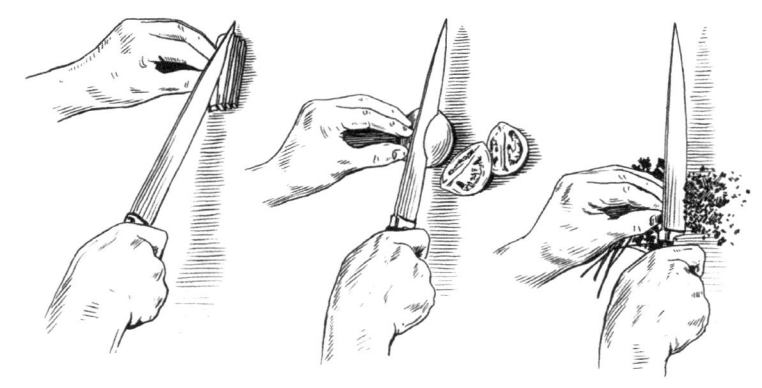

3
자르는 방법

무언가를 자를 땐 칼날을 최대한 길게 사용하여 자르도록 하자. 주의할 점은 힘으로 누르지 않는 것이다. 셰프의 칼날은 칼끝, 중간 부분, 손잡이와 가까운 베이스 등 세 부분으로 나뉜다. 칼끝의 뾰족한 부분은 무언가를 일정한 간격으로 잘라야 할 때 사용한다. 중간 부분은 채소 혹은 사과를 쐐기모양으로 자를 때처럼 일반적인 썰기를 할 때 사용한다. 손잡이에 가장 가까운 부분은 허브나 가는 재료를 잘게 자르거나 다질 때 사용한다. 고기를 자를 땐 중간과 뾰족한 끝부분을 활용하도록 하자. 그러나 고기를 다질 때는 손잡이에 가장 가까운 부분을 사용하는 것이 좋다.

4
연습은 완벽에 이르는 길

프로가 되기 위해서는 매일 같은 재료를 써는 연습을 해야 칼이 손에 익숙해진다. 축구 선수가 매일 공을 갖고 연습하는 것과 같이 가능한 한 자주 연습하도록 하라.

5
손가락을 조심할 것

칼 아래 보조하는 손가락은 반드시 구부러져 있어야 한다. 칼을 사용하기 시작했을 때, 나는 꽤 자주 손을 베었다. 20년 넘게 연습했지만 지금도 가끔 그럴 때가 있다. 물론 아주 드물게!

쉽게 범하는 실수

저렴한 도구 구입

주방 칼은 매일 사용하는 장비로 일종의 투자이기 때문에, 오랫동안 쓸 수 있는 튼튼한 칼을 고르는 것이 중요하다.

잘못된 선택

음식과 맞지 않는 칼을 고른다면 절대 제대로 잘리지 않을 것이다.

무딘 칼 사용

무딘 칼로 자르는 것은 날카로운 칼을 사용하는 것보다 더욱 위험하다. 음식을 쉽게 자르기는커녕 오히려 자르다 미끄러질 수가 있다.

나눠 쓰기

칼을 가족이나 룸메이트들과 공유하는 건 실수다. 사람마다 손에 맞는 칼 모양이 제각각 다르기 때문이다.

게으름

연습만이 완벽에 이르는 길이다. 더 많이 썰수록, 기술은 더욱 좋아질 것이다.

결혼식 축사에서 돋보이는 법

글 댄 데이비스

인생에서 가장 중요한 날을 맞이한 가장 친한 친구를 대변하는 도전, 즉 축사를 앞둔 남자에게는 영국 코미디 영화 「저스트 어 이어I Give It a Year」의 시작 장면을 보는 것이 결혼식 전 해야 할 일 1순위다. 이 영화에서 스티븐 머천트Stephen Merchant가 분한 불운한 익살꾼은 정말이지 너무나도 황당한 축사를 내뱉는데, 이는 신랑조차도 참아주지 못할 수준이다. 사람들이 무슨 말을 하든지 간에 결혼식에서 가장 도움이 되는 하객이 되는 것, 그러니까 대표 축사를 하는 것은 줄타기를 하듯 아슬아슬하고 어려운 일임에 틀림이 없다. 축사를 성공적으로 마친다면 그날 밤의 축제 분위기를 띄우는 영웅으로 칭송받을 수 있지만, 설령 잘못했다가는 결혼식 행사 내내 구석에 숨어 있어야 할 수도 있어서다. 그러니 부디 당신 자신을 생각해서 다음의 조언에 귀 기울여주길 바란다.

1
성공을 준비하라

스스로를 상당한 이야기꾼이라 생각할지도 모른다. 하지만 제대로 준비하지 않는다면 그 자리는 당신을 재앙으로 이끄는 동선이 될 수도 있다. 준비 작업을 하라. 재미있고 의미 있는 이야기를 위해 신랑의 친구들 그룹부터 시작해 가족, 신부와 논의하라. 메모를 하는 것도 방법이다. 하지만 축사에 담을 모든 말을 적을 필요는 없다. 줄줄이 읽어대는 것은 부자연스럽고 딱딱하게 들릴 수 있기 때문이다.

2
억지 웃음을 유발하려 하지 말라

"오늘은 정말 벅찬 날이네요. 케이크조차 겹겹이 쌓여 있잖아요!" 이 말이 재미있을까? 인터넷에 올라와 있는 결혼식 축사용 개그는 질이 낮거나 적합하지 않거나 둘 중 하나다. 무슨 일이 있더라도 하지 말아야 한다. 재미있는 실제 이야기를 하는 것이 훨씬 낫다.

3
당신의 말이 잘 들리는지 확인하라

평소에 마이크를 얼마나 자주 쓰는가. 아마 그럴 일이 거의 없을 것이다. 헤비급 권투 경기를 소개하는 MC에 빙의한 듯 마이크의 음량을 제대로 체크해 모든 사람이 잘 들을 수 있도록 하라. 아니면 그저 하객들에게 잘 들리는지 물어보면 된다. 둘 중 어떤 방법이든 간에 이야기하는 동안 손님들의 이목이 집중되고 자신의 목소리가 잘 들리는지 살펴보자.

4
진심으로 얘기하라

신랑이 얼마나 멋진 사람인지 보여줄 몇 개의 사례를 준비하자. 그에게 신부가 얼마나 아름다운지, 또 지금 당신이 얼마나 기쁜지 얘기해주자. 신랑의 전 데이트 상대나 전 여자친구, 난처한 질병 얘기, 위법의 경험, 약물 남용 같은 일은 절대 언급해서는 안 된다. 결혼식장은 이런 것들을 들춰내는 곳이 아니란 걸 명심하라. 당신의 임무는 친구에 대해 기분 좋은 소리를 하고 실제로 좋은 기분을 느낄 수 있게 해주는 것이지, 그에게 창피를 주는 것이 아니다.

155

5
가볍게 한두 잔 즐겨라

긴장을 풀고 무료로 제공되는 술을 편안하게 즐겨라. 단, 축사를 끝내기 전까지는 안 된다. 가장 친한 친구로서 축사를 전하는 것은 어찌 됐든 스트레스 쌓이는 일이고 결혼식 자체 또한 긴 행사이기 때문에 스스로 페이스를 조절하는 것이 중요하다. 긴장하지 않는다면, 바에서 이미 술을 많이 걸쳤다는 얘기다. 이때 자리로 돌아가면서 의자에 걸려 넘어지기라도 하면, 그날 하루 동안 당신이 사람들을 웃게 만든 유일한 개그가 그 황당한 '몸개그'뿐인 상황이 될 수도 있다.

쉽게 범하는 실수

신랑 홍보기

오늘 당신의 임무는 흥분되고도 스트레스 가득한 하루 동안 당신의 친구를 돕는 것이다. 그 친구 혹은 그 자리의 어느 누구도 지난 전설적인 대학 럭비 경기에서 있었던, 형편없고 지저분한 일들에 대해 듣고 싶어 하지 않는다는 걸 명심하자.

사람들이 모르는 이야기 하기

호의적이지 않은 일화를 이야기하는 것이 나쁘다면, 자기들끼리 있었던 유치한 사건 사고에 관해 무엇인지 제대로 밝히지 않은 채 살짝 언급만 하는 것은 더 나쁘다. 총각파티를 함께한 남자들뿐만 아니라 결혼식 파티 전체를 즐겁게 만들기 위해 노력하라.

너무 길게 얘기하기

축사는 짧고 듣기 좋게 하라. 5분이면 충분하다. 사람들은 당신이 꼭 해야 할 말만 듣고 싶을 뿐, 너무 길게 늘어지면 그들의 생각은 식사로 옮겨가거나, 술이나 한 잔 더 하고 싶어질 것이다. 하객들이 당신의 이야기를 조금 더 듣고 싶어 할 때 떠나는 것이 최고다.

트위터 하는 법

글 피터 세러피너위치Peter Serafinowicz

(트위터 고수이자 『10억 가지 농담A Billion Jokes』의 저자)

2006년 3월 캘리포니아에서 잭 도시Jack Dorsey가 만든 트위터는 현재 사용자
가 5억 명이 넘고 매일 3억4천만 개 이상의 트윗이 오고 간다. 트위터를 하는 것
은 뉴스나 지식을 전 세계에 가장 빨리 퍼뜨리는 방법으로, 우리가 생각하고, 일
하며, 소통하는 방식을 바꿔놓았다. 빠른 화제성과 무료라는 특징을 가진 이 소
셜 미디어는 그러나 때론 극심하게 따분할 수도 있다. 날씨에 대한 아무런 의미
없는 주절거림부터 140자의 점심 이야기까지, 참을 수 없는 성질의 것이 되기
십상이다. 혹은 조심성 없이 행동하다가는 명예훼손의 대상이 될 수도 있다. 런
던 출신의 코미디언이자 작가, 그리고 감독인 피터 세러피너위치는 위트 넘치고
흥미로운 트윗으로 무려 65만 명이 넘는 팔로어를 획득했다. 여기 그가 어떻게
트위터 고수가 되었는지 소개한다.

1
당신만의 강점을 골라라

처음 트위터를 시작했을 땐 도대체 무슨 이야기를 어떻게 해야 할지 몰랐다. 우
선 몇 개의 계정을 팔로잉했고, 인사를 보냈다. 그러고 나서 시간이 조금 지나
이곳을 농담의 장으로 이용하기 시작했다. 내 머릿속에 떠오르는, 평소 분출구
가 없었던 온갖 멍청한 생각들을 전달하는 용도로 트위터를 이용했던 것이다.
일반적으로 이런 글은 그 어느 곳에도 표출하지 않고 혼자만 가지고 있는 것들
이다. 하지만 사람은 저마다 다 다르지 않은가. 물론 표현 방식에 있어 다른 사
람의 영향을 받게 될 테지만, 항상 당신답도록 노력하라. 마음속에서 우러나온
말은 마음으로 통하게 되어 있다.

2
두려워하지 말라

다양한 내용을 트윗하고 다양한 것들을 시도해보라. 나는 트위터에서 #PSQA
라고 불리는 Q&A 세션을 진행하기도 한다. 누군가가 주제를 던지면 그에 대한
위트 넘치는 답을 내놓는 것이다. 수천 개의 답글이 달리고 나면 거기에 또 다
른 재미있는 답글을 남길 것인지 쓱 한번 훑어본다. 주눅이 들거나 내 첫 번째
답변이 그다지 훌륭하지 않을 때도 종종 있다. 그래도 계속하다 보면 조금씩 쉬
워진다. 그러니 누구든 한번 뛰어들어보기를. 참고로 트윗픽twitpic과 같은 사
진 업데이트 기능을 쓰는 것도 재미있다. 그렇다고 당신의 '그곳' 사진을 올려서
는 안 되겠지만.

158

3
트위터에서 뉴스를 접하라

그 어떤 뉴스 웹사이트에 올라오기 이전에 가장 최신의 이야기가 업데이트되는 곳이 바로 트위터다. 그리고 이곳에서는 그 어디에서도 찾아볼 수 없는 많은 떠들썩한 잡담을 접하기도 한다. 트위터는 해시태그(#)를 사용해 내용 검색을 수월하게 해주고, 인기 있는 주제에 대해 지속적으로 업데이트해 최신 경향을 파악할 수 있도록 해준다. 사실 이 방식은 중세 시대의 왕들이 기억하고 싶은 것들 옆에 작은 쇠창살문 모형을 올려놓던 것에서 그 기원을 찾을 수 있다.

4
상냥하게 굴어라

트위터의 톤은 일반적으로 정중한 편이며 사람들도 무례하지 않으려고 노력한다. 만약 누군가가 당신에게 무례하게 군다면 간단하게 차단함으로써 더 이상 보이지 않게 하면 된다. 제발 이 안에서 사람들에게 못되게 굴지 말라. 누군가에게 '@아이디'를 사용해 답변을 달면, 그들은 자신의 타임라인에서 그것을 볼 수 있고 당신 역시 그들과 직접 소통할 수 있게 된다. 그러니 다시 한 번 말하지만 '@아이디'로 당신의 어리석음을 드러내지 말라. 아이디 역시 신중하게 고르도록 하자. 내 아이디는 @serafinowicz로, 같은 성을 가진 동생을 상당히 짜증나게 한다.

5
짧고 간결하게 하라

마치 뼈에서 모든 살을 발라내듯 문장을 정리하라. 특히 농담을 적을 때는 더욱 그렇다. 간결하고 명확하며 짧은 문장일수록 영향력이 훨씬 강하다. 셰익스피어William Shakespeare 역시 이렇게 말한 바 있다. "간결성Brevity은 지혜의 본질이다." 그는 추후 그것을 Brevit으로 수정했고 결국엔 B=LOL[76]처럼 모두 약어를 쓰는 시대가 되었지만.

쉽게 범하는 실수

편협한 마음을 갖는 것

유명인만이 아니라 많은 다양한 사람들을 팔로우하라. 트위터에는 정말 재미있고 유쾌한 사람들이 많다. 당신이 좋아하는 누군가의 팔로잉 리스트를 보고 그들을 또 팔로우할 수 있다.

자기 검열을 잊는 것

강한 어조에 예민한 사람들이 있다. 트위터에서 계속 비속어를 쓴다면 그들은 당신을 언팔로우할 수 있다. 그러니 부디 험한 말은 쓰지 말기를.

명확성이 부족한 것

글을 쓸 때 바람직하고도 일반적인 원칙은 여담이나 산만한 이야기, 유의어 반복은 피하고 가능한 한 간결하고 명확하게 하는 것이다.

중독되는 것

현실 세계도 경험하도록 노력하라. 현실도 나쁘지 않다. 특히 그래픽적인 것은 믿을 수 없이 아름답다.

여자를 위한 란제리 구입법

글 조디 해리슨

둘만의 첫 기념일이다. 당신은 새롭게 찾은 그녀와의 사랑과 욕정을 마음껏 즐기고 있다. 그런 만큼 란제리는 그녀를 향한 완벽한 제스처다. 당신은 뭔가 시크하고 값비싼 것을 생각하고 있을 것이다. 하지만 잘못된 선택은 마치 큰맘 먹고 산 비싼 치실처럼 영원히 서랍 속에 처박힐 수도 있다. 이런 사태를 방지하기 위해 제대로 된 란제리 구입법을 준비했다.

1
섹시한 속옷 = 활용도 제로?

속옷을 살 때 많은 남성들이 가장 빠지기 쉬운 함정이다. 미친 소리 같겠지만, 섹시한 브라나 팬티도 매일 입을 만큼 편할 수 있으니 신중하게 고르기만 하면 된다. 당신이 사준 속옷을 그녀가 실제로 입기 바란다면 색상은 검정이나 흰색으로, 소재 역시 청바지를 입을 때마다 화를 돋우지 않도록 적당히 잘 늘어나는 것으로 선택하라. 키키 드 몽파르나스Kiki De Montparnasse와 같은 디자이너 브랜드를 추천한다.

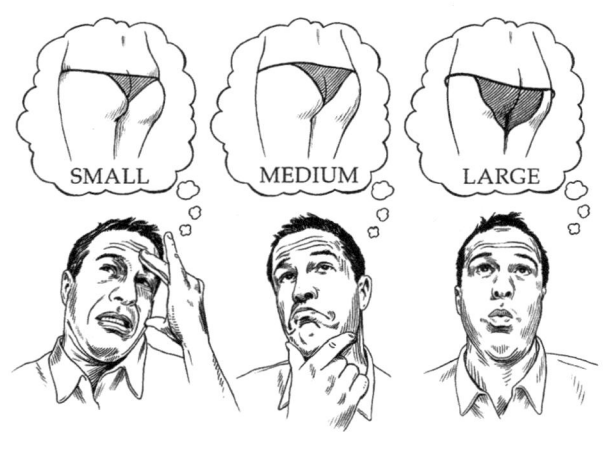

2
팬티 사이즈를 알라

정확한 팬티 사이즈를 잘 모르겠다면 중간 사이즈를 고르면 된다. 혹시 몰라 넉넉한 사이즈를 사는 것은 엄밀히 말해 칭찬받을 만한 행동은 아니다. 마찬가지로 지나치게 작은 사이즈를 사는 것 역시 좀 게을러 보이거나 그녀를 너무 기쁘게 하려는 행동으로 비춰질 수 있다. 그러니 오버하지 말고 중간쯤으로 하자. 그래도 어렵다면 사이즈에 덜 민감해도 되는 실크 가운이나 잠옷을 사는 것도 방법이다.

3
스타일을 알라

당신이 깔끔한 일자핏의 아페세A.P.C. 청바지 같은 남자라면, 누군가 당신의 생일에 화려한 부츠컷 청바지를 선물해줄 경우 아마도 그다지 반기지 않을 것이다. 이건 스타일에 관한 문제다. 그러니 그녀가 평소에 즐겨 입는 속옷 취향에 주목하라. 당신이 사랑하는 여자는 건전하고 담백한 스타일인데, 영화 「그레이의 50가지 그림자Fifty Shades of Grey」 스타일로 몰아가서는 곤란하다. 가죽, 레이스 따위를 함부로 고르지 말라.

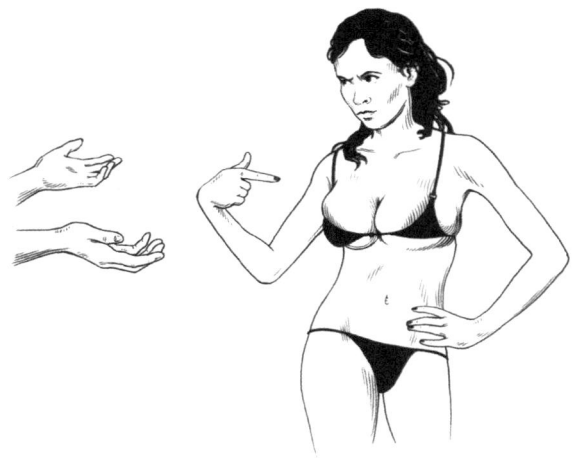

4
브랜드를 알라

철도 회사들처럼 란제리 디자이너들도 각기 다른 제품과 서비스를 제공하는 데 있어 쾌락적인 즐거움을 어필하려고 한다. 어느 브랜드의 '케이트 모스Kate Moss 컵'이 다른 브랜드에서는 '돌리 파튼Dolly Parton 컵'일 수도 있는 것. 당신의 그녀가 평소 즐겨 입는 브랜드를 미리 조사해두는 것은 사이즈를 잘못 고를 불상사나 뒤따르는 당혹스러움을 피할 수 있는 길이다. 그녀의 서랍을 열어 그대로 조심스레 들여다보고, 정보를 메모하도록 하라.

5
주변을 살펴라

가슴에 붙이는 술 장식, 가터벨트나 채찍, 앞이 열리는 브라나 뭔가 구속하는 도구 같은 것들은 주변 사람들에게 노출되지 않도록 해야 한다. 이런 선물이 마치 부러움을 살 만한 섹스 라이프를 누리는 것처럼 보일 거라 생각하겠지만, 사실은 그저 역겹게 보일 뿐이다. 란제리는 지극히 개인적인 선물임을 명심하자. 남들 눈에 띄지 않는 순간을 틈타 눈치껏 구입하자.

쉽게 범하는 실수

판매 직원에게 넘어가기

여성 속옷을 사러 가는 것은 부끄러운 일일 수 있고, 잔인하게도 보통 당신이 매장에서 대면하는 판매 직원은 필요 이상으로 섹시할 확률이 높다. 당신의 욕구나 그녀의 매력으로 인해 엉뚱한 방향으로 이끌리지 않도록 주의하자. 미리 조사하고 온라인으로 구매하면 여러모로 방해받을 일이 없다.

특수 브라 구입하기

그녀의 가슴이 큰 편이라면 언더와이어 브라를 추천한다. 만약 그 이상으로 크다면 특정 브랜드의 제품이 필요하다(엘 맥퍼슨 인티메이츠Elle Macpherson Intimates나 스텔라 맥카트니Stella McCartney 같은 브랜드는 E, F, G컵까지 출시한다). 무엇을 사든지 간에 '소프트 컵soft cup'이라 불리는 브라는 피하라. 그런 브라는 보통 가슴이 유독 작은 여성에게 잘 맞는 제품이기 때문이다.

기술이 요구되는 브라 구입하기

만일 당신이 끈이나 고리, 클립 등을 어떻게 끼우는지 전혀 모르겠다면, 그건 그녀도 마찬가지다. 실뜨기보다 더 복잡해 보이는 줄과 그 외의 것들이 있다면, 분명 한 번 입고 다시는 햇빛을 못 보고 말 종류의 속옷이다. 심플한 것이 가장 섹시하다는 사실을 잊지 말자.

사이즈 문제

여성의 속옷을 살 때 남성들은 일반적으로 작은 것을 사려는 경향이 있다. 희망 사항이건 뭐건 간에, 잘못 판단한 친절을 베풀거나 사이즈와 길이를 재는 능력을 타고나지 못했다면 당신은 전 세계 모든 여성에게 의구심의 대상으로 남을 것이다. 이유가 무엇이든 간에 그만두어라. 머리를 써보자. 스폰지 밥의 스퀘어 팬츠에게는 불가사리 뚱의 반바지가 절대 맞지 않을 것이고, 설사 시도라도 했다가는 민망해지지 않겠는가? 이 정도면 충분한 설명이 되었으리라 본다.

그녀를 위한 칵테일 제조법

글 배리 윌슨Barrie Wilson
(디아지오Diageo의 칵테일 전문가)

현대 남성이라면 반드시 할 줄 알아야 하는 네 가지가 있다. 타이어 교체하기, 보타이 매기, 불 피우기, 그리고 가장 중요한 것은 훌륭한 칵테일 만들기이다. 어쩌면 마지막 항목이 가장 달성하기 어려운 목표처럼 보이지만, 약간의 연습과 넘치는 자신감만 있다면 이건 정말이지 쓸 만하고 인상적인 도구로 활약할 수 있다.

당신의 레퍼토리에 넣을 만한 많은 클래식한 칵테일이 있다(내 개인적인 선호는 170쪽에 나와 있다). 그래도 최대의 효과를 내기 위해서는 좋은 인상을 심어주고 싶은 그 누군가를 고려한 맞춤 칵테일을 만들 필요가 있다. 손님인 그녀가 가장 좋아하는 과일, 허브, 주스와 술이 무엇인지 알아두고 그녀의 이름을 딴 칵테일을 제조해보라. 이 방법은 당신이 그녀의 말을 경청한다는 것을 보여주고, 자신이 제일 좋아하는 칵테일을 마실 수 있는 유일한 장소가 당신 집의 바라는 사실을 그녀에게 각인시켜준다.

1
도구를 밀어라

사용하기 편한 칵테일 도구를 골라라. 셰이커의 내용물이 튀어나와 당신과 손님에게 엎질러지는 것만큼이나 난감한 상황은 없다. 만약 두 개로 나뉜 셰이커를 쓴다면 이런 도구들은 분리하기 쉽지 않을 때가 종종 있다. 충분히 연습해 이 모든 과정을 유연하고 매끄럽게 진행하자.

2
섬세한 디테일에 신경 써라

신선한 제철 과일을 준비하자. 레몬이나 라임을 미리 즙으로 짜놓으면 제조 시간도 단축하고 훨씬 덜 지저분하다. 단맛을 위한 시럽을 갖추어두자. 설탕 시럽이나 아가베 시럽, 꿀, 혹은 엘더플라워청을 찬장에 항상 구비해두는 것도 좋은 방법이다.

3
얼음을 채워라

냉동실 얼음판에 있는 얼음으로 칵테일을 만들 수 있을 거라 단정하지 말라. 절대적으로 부족하다. 칵테일을 만들 땐 큰 얼음팩 하나는 필요하다. 그 누구도 미지근한 음료를 마시고 싶어 하지는 않으니까. 얼음의 경우 언제나 모자란 것보다는 넘치는 게 낫다.

4
눈을 마주치지 말라

칵테일을 만들 때는 손님과 눈을 마주치지 않도록 하자. 일반적으로 한 10초 정도는 충분히 흔들어줘야 하는데, 이때 눈길을 주면 정말로 불편한 상황이 만들어질 수도 있다.

5
라이언 고슬링을 따라 하지 말라

영화 「크레이지, 스투피드, 러브」에는 라이언 고슬링이 올드 패션드old fashioned 칵테일[7]을 만드는 장면이 나온다. 이는 사실 알코올 도수가 높은 칵테일 중 하나다. 당신의 목표는 그녀를 취하게 만드는 것이 아니다. 그녀가 당신의 멋진 기술을 기억할 필요가 있으니까. 그러니 알코올이 과하게 들어간 칵테일은 자제하고 가벼운 걸 만들어주도록 하자.

쉽게 범하는 실수

맛의 부조화

달콤하고 새콤한 맛의 균형을 정확하게 맞추도록 하자. 이를 잘 맞추면 칵테일은 약간 셔벗 같은 맛이 날 것이다. 아니면 차라리 좀 더 달게 만들자. 새콤한 술보다는 달달한 술이 보편적으로 마시기에 더 좋기 때문이다.

과한 달걀 사용

달걀흰자를 칵테일에 사용하는 건 순전히 미적인 완성도나 질감을 위해서다. 만약 그 맛이 느껴진다면 너무 많이 넣었다는 얘기다. 석회질 같기도 하고 썩 기분 좋은 맛은 아닐 거다. 한 잔당 5~10밀리리터 이상의 흰자를 올려서는 안 된다.

가공된 즙 사용

병에 담겨 나오는 가공된 감귤류 즙은 절대 사용하지 말자. 바로 짠 신선한 과즙보다 더 맛있는 재료는 없다. 신맛에 있어선 좀 더 폭넓게 생각해도 된다. 라임과 레몬 대신 자몽을 써보면 어떨까.

과음

독한 술도 제대로만 잘 만들었다면 사랑스러운 술일 수 있다. 그런데 보통 독주는 딱 한 잔만 마시는 게 좋다. 경험으로 터득한 진리는 칵테일 한 잔당 50밀리리터를 초과하는 알코올이 들어가지 않도록 해야 한다는 것이다.

과한 장식

칵테일 장식에 너무 공들이지 않아도 된다. 쇼의 주인공은 언제나 술 그 자체여야 한다. 장식은 간단하고 소박하게 하라. 제발 칵테일 우산이나 반짝이 같은 것은 더하지 말자.

절대 실패하지 않을 그녀를 위한 칵테일

머서 사워The Mercer Sour

이 칵테일은 가볍고 향기로우며 부드럽기 때문에 그야말로 완벽한 술이다. '온 더록스on the rocks'로 당신과 그녀 모두 즐길 수 있는 맛있는 칵테일이다.

재료	도구
허니듀 멜론 1/8조각	칼
키위 1개	도마
탠커레이 진 50ml	투 피스 셰이커
갓 짠 레몬즙 25ml	머들러[78]
설탕 시럽 20ml	레몬즙 짜는 기구
달걀흰자 5ml	올드 패션드 잔
얼음	호손 스트레이너[79]

1단계

멜론을 적당한 크기로 썰어 셰이커에 넣는다. 키위의 한 면을 예쁘게 잘라 따로 둔다. 남은 과일에서 과육 부분만 셰이커에 넣는다. 셰이커 안의 과일이 부드러워질 때까지 머들러를 사용해 으깬다.

2단계

레몬 반 개로 짠 신선한 즙과 탠커레이 진을 셰이커에 넣는다. 여기에 설탕 시럽과 달걀흰자를 더한다. 흰자의 유화를 위해 처음에는 얼음 없이 셰이커를 10초 정도 흔들어준다. 그다음에 얼음을 넣고 세게 흔든다.

3단계

잔에 얼음을 가득 채우고, 호손 스트레이너를 사용해 내용물을 얼음 위에 붓는다. 술 위로 사랑스러운 크림 거품이 생길 것이다. 따로 두었던 키위 조각을 술 위에 장식으로 올린다.

데이비드 보위

팝의 카멜레온에게 경의를 표하며.

글 딜런 존스Dylan Jones
(영국『GQ』편집장)

데이비드 보위David Bowie는 마치 드라이아이스처럼 우리 주위를 맴돈다. 항상 그래왔고, 앞으로도 그럴 것이다. 어느 날『GQ』아트팀 부서 주변을 지나던 나는 누군가의 책상 위에서『아이솔라 IIIsolar II』[80] 한 부를 발견했다(이게 뭔지 모른다면, 당신은 나머지 글을 읽고 싶어 하지 않을 수도 있다). 그리고 오늘 아침 출근길에는 어느 가게 문 앞에서 보위의 비범한 컴백 싱글이었던 〈웨어 아 위 나우?Where are we now?〉가 흘러나왔다. 2013년 초 온갖 잡지와 신문은 V&A(빅토리아 & 앨버트) 박물관에서 열렸던 데이비드 보위 전시 기사로 가득했고, 모두들 그리고 그들의 어머니들조차도《더 넥스트 데이The Next Day》앨범에 대해 이야기했으며, 지금 내가 이 글을 쓰고 있는 순간에도 분명 어딘가에선 〈스페이스 오디티Space Oddity〉부터 〈에브리원 세스 하이Everyone Says Hi〉까지 보위의 모든 오랜 음악들이 흘러나오고 있을 것이다.

나는 데이비드 보위를 사랑하고, 항상 그래왔다. 열두 살 때부터 단 하루도 그와 그의 스타일에 대해 생각하지 않은 날이 없을 정도다. 1972년 7월 6일 목요일, 보위가 「톱 오브 더 팝스Top of the Pops」[81]에서 더 스파이더스 프롬 마스The Spiders from Mars[82]와 함께 〈스타맨Starman〉을 부를 때, 그는 도입부의 "Didn't"에서부터 나를 사로잡아버렸다. 그날 영국의 수백만의 10대들처럼—당시 이 쇼는 영국 인구의 4분의 1이 매주 즐겨 보는 프로그램이었다—흑백 TV로 그 무대를 봤음에도 불구하고 그의 퍼포먼스는 진정 혁신적이었다. 런던 이슬링턴의 더 스크린 온 더 그린The Screen on the Green[83]에서 섹스 피스톨스 라이브 공연을 봤다고 하는 사람들과 달리 「톱 오브 더 팝스」에서 데이비드 보

171

위를 봤다고 하는 사람들은 아마 진실을 말하는 것일 테다. 어쩌면 전혀 기억에도 남지 않을 여름밤이 될 뻔했던 그 밤, 원래는 세 명이 나눠 쓰던 방에서 나는 홀로 이 방송을 시청했다.

그리고 그날, 나는 곧장 그의 헤어스타일을 따라 해보려 했다. 헤어스타일이야말로 그를 상징하는 요소라 생각했고, 그 분야에 있어선 나 자신이 누구보다 앞서간다고 생각했기 때문이다. 사실 보위가 방송에서 입고 나오는 옷들을 동네의 많은 10대 소년 소녀들이 따라 입고 돌아다니는 것은 무리지만, 헤어스타일은 모두가 충분히 따라 해볼 만한 것이었다. 하지만 일반적으로 그런 행동을 하는 것은 언제나 내가 아닌 다른 아이들의 몫이었다. 그 당시 나는 동네 아이들과 어울리는 아이가 아니었다. 아이들이 서로 중요하다고 생각했던 것들은 나에겐 전혀 감흥이 없었다. 그러니까 내가 머리를 자르겠다고 한 건 상황이 다르게 변하기 시작했다는 것을 의미하기도 했다. 나는 내가 보위 헤어스타일을 성공적으로 연출하면 주변의 시선과 궁금증이 몰릴 거라고 생각했다. 토요일 아침 미용실 투어는 그 며칠 전부터 계획된 것이었다. 이 최신 스타일을 완성해줄 시내의 다양한 이발소와 미용실을 찾아다녔다. 여기서 더 나아가 지역 신문을 뒤지고 미용실들에 차례로 전화를 걸어 '보위 컷'을 하는지 문의했다. 대부분은 내가 무슨 말을 하는지 이해하지 못했는데, 그중 한 곳이 내가 원하는 걸 해줄 수도 있을 것 같다고 말했고, 방문하면 무료 상담을 해주겠다고 했다. 그때 내가 어떤 것을 입고 갔는지 정확히 기억나지 않지만, 떠오르는 건 체크무늬의 나팔바지와 싸구려 옥스퍼드 가방, 프랑스 노천 카페의 풍경이 반복적으로 프린트된 라운드 칼라 셔츠, 그리고 항공모함 승조원의 유니폼에 달린 것 같은 라펠과 커다란 은 단추가 장식된 전혀 패셔너블하지 않은 캔버스 재킷을 입었던 것 같다. 몇 년 후, 프랑스 디자이너 장 폴 고티에Jean Paul Gaultier는 가장 흥미로운 사람은 항상 옷을 못 입는 사람이라고 말한 바 있지만, 당시의 나는 내가 입고 있는 옷의 주인이 아니라 포로였다. 결론적으로 나를 살리는 길은 헤어스타일뿐이었다. 사람들에게 인정받고, 나를 매력적으로 보이게 할 수 있는 것은 오직 그것뿐이었다.

아니나 다를까, 내가 간절히 바라던 일은 일어나지 않았다. 약속된 시간에 미용실에 도착한 나는 의자에 앉아 내가 원하는 것을 신나게 미용사에게 설명했다. 내가 바란 것은 위쪽의 넓은 앞머리, 아래쪽은 셔츠 칼라 끝을 스치는 정도의 깃털 같은 헤어스타일이었다. "안 될 것 같아요. 그렇게 하기엔 당신 머리카락에 문제가 좀 있는데요." 미용사가 웃으며 말했다. "이런 컷을 하려면 기본적으로 뻗치는 머리카락을 가지고 있어야 하는데 손님 머리카락은 아래로 처지는

1973년 뉴욕의 RCA 스튜디오에서 인물 사진을 찍기 위해 포즈를 잡은 보위

스타일이거든요. 기분 나빠하진 마시고요. 이런 머리카락으로는 절대 안 돼요."
결국 그날 나는 마치 클레오파트라를 닮았던, 아홉 개의 구멍이 있는 닥터 마
틴Dr Martens 부츠를 신은 슬레이드Slade[84]의 뻐드렁니 기타리스트 데이브 힐
Dave Hill—일부러 독특하게 보이려 했던 것 같지만—과 대략 비슷한 모습으로
미용실을 나왔다.

퍼 칼라의 버지 재킷,[85] 핀스트라이프의 하이 웨이스트 바지, 통굽 신발, 칼라
가 높게 올라간 셔츠 등 다양한 보위풍의 옷들이 마침내 출시됐다. 하지만 내가
그 어떤 것보다 원했던 건 세상과의 단절을 메우는 데 도움을 줄 헤어스타일이
었다. 그렇게, 머리카락이 다시 자랄 때까지 나는 몇 달을 기다려야 했고, 그때
부터 1977년까지 가운데 가르마에 어깨 기장의 머리 모양을 유지했다. 결국 펑
크punk가 유행하고 나서야 나는 드디어 보위 머리에 성공했다. 머리 모양이 아
닌 색깔로 말이다.

그루밍은 중요해

각자의 유형을 확인하고 라이프 스타일에 맞는
관리 방법을 읽어보기 바란다.

글 아메드 잠바락지Ahmed Zambarakji

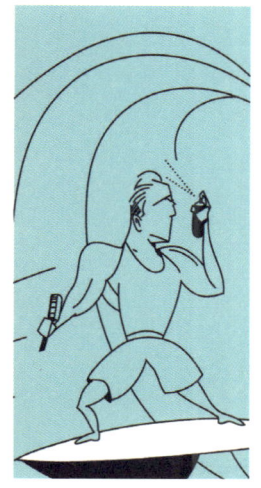

태초에 모든 남성이 평등하게 창조되었을지언정, 이는 우리 모두가 똑같은 사람
이라는 뜻은 아니다. 현대 남성이 다채로운 모습으로 존재하는 만큼, 다양한 라
이프 스타일에 맞는 제품을 모아보았다. 사무실에서 줄곧 일하든 모험적인 삶
을 즐기든, 피부는 이제 옷장처럼 생각해야 한다.

사무실 근무자

9시부터 5시까지 지속되는 직장인의 삶은 그다지 큰 위험에 노출되어 있지는 않
지만 사실 사무실이라는 공간은 조용하게 공격적인 곳이다. 에어컨과 스트레스
에 매주 40시간 넘게 노출되는 일은 당신의 상태를 약화시킨다. 책상 서랍 안에
몇 가지 긴급 처방전을 갖춰놓도록 하자.

문제점

피로한 눈

처방전

크리니크Clinique의 안티 파티그 아이 쿨링 젤은 온종일 모니터를 쳐다보느라
붓고 피로해진 눈을 진정시키는 데 도움을 준다.

헬스광

몸을 뽐내기 위한 목적 없이 러시안 트위스트[86]를 진심을 다해 열심히 하며 땀을 흘리는 사람은 없다. 다행히 엄격한 운동의 효과를 극대화할 수 있는 그루밍 제품이 있다.

문 제 점

수줍은 복근을 감추는 단단한 지방

처 방 전

누보NuBO의 식스팩 트리트먼트는 신진대사를 촉진하고 지방분해(세포에서 지방을 분해하는 몸의 타고난 능력)를 촉발시켜 운동과 함께 섭취하면 즉각적으로 선명하게 찢어진 복근을 만드는 데 도움이 된다.

상 남 자

먼지 속에서 구르고 암벽을 타며 여가를 보내는 상남자를 생각해보면, '피부 관리'라는 단어가 곧장 떠오르지 않을 수도 있다. 그럼에도 이런 과격한 야외 활동이 야기한 손상마저 제어할 수 있는 초강력 제품들이 있기는 하다.

문제점

자외선 노출

처방전

키엘Kiehl's의 크로스 터레인 UV 페이스 프로텍터 SPF50은 『내셔널 지오그래픽National Geographic』의 젊은 탐험가 그룹의 테스트를 거친, 몇 안 되는 다양한 아웃도어 전문 자외선 차단제다. 살짝 진득한 제형은 땀에도 꽤 강하다고 알려져 있다.

태닝 애호가

1년 내내 햇빛을 사랑하는 태닝 애호가의 매력은 과다한 자외선 노출로 인해 피부가 곧잘 낡아빠진 소파처럼 변하는 등 쉬이 악화된다. 태닝 의자 위에서 '구워진' 손상을 회복하는 일은 결코 쉽지 않으며 전문적인 선케어 제품이 요구된다.

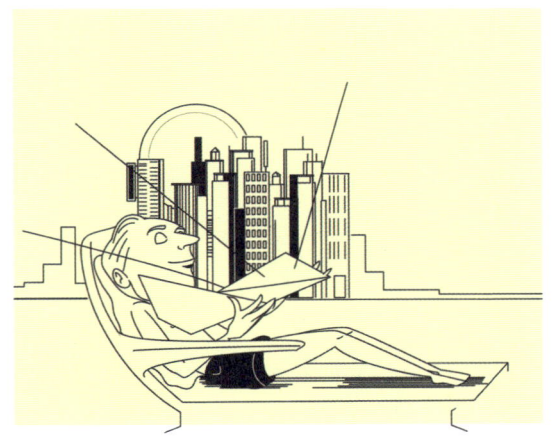

문제점

태닝 의자에서 장시간을 보낸 후 자외선이 초래한 주름

처방전

인스티튜트 에스테덤Institut Esthederm의 리프레싱 애프터 선 퐁당은 손상된 피부 조직 회복과 화상 완화에 도움을 준다. 그리고 무엇보다 중요한 것은 당신의 시그니처인 그을린 피부 유지에도 뛰어난 효과를 발휘한다는 것이다.

환경 애호가

명백한 증거 없이 '윤리적'이라거나 '유기농'이라는 단어를 갖다 붙이는 많은 제품들의 상술 속에서 제대로 된 제품을 고르기란 쉽지 않다. 안목 있는 환경 애호가라면 더욱 엄격한 규제위원회의 승인을 받은 제품을 갈망할 것이다.

문제점

생기 없음

처방전

인텔리전트 뉴트리언츠Intelligent Nutrients의 혁신적인 제품이 가지고 있는 친환경 마크는 의심할 여지가 없다. 특히 보디 오일로 사용하기 좋은 식용 아로마 제품 시리즈는 당신의 신체 에너지를 깨우기 위해 고안되었다. 오일은 '맑은 정신'부터 '사랑을 나누고 싶은 마음'("에헴")까지 구체적인 기분을 불러일으킨다.

제트족

전용기의 럭셔리함을 즐길 수 있다 하더라도 제트족은 비행으로 인한 피로를 피해갈 순 없다. 3만 피트 상공에서 건조함으로 갈라진 피부에 영양을 공급하고 시차로 인한 피로를 극복하기 위해서는 비행 후 약간의 요령 있는 특별 관리가 필요하다.

문 제 점

야간 비행으로 충혈된 눈

처 방 전

기내라는 공간은 제트족의 얼굴에서 수분과 생기 가득한 매력까지 앗아가는 곳이다. 크리니크의 모이스처 서지 오버나이트 마스크는 말라가는 피부에 수분을 공급해준다.

록

벤 위쇼

영화 007 시리즈 「스카이폴Skyfall」의 Q부터 「클라우드 아틀라스Cloud Atlas」
속 역할까지 연이은 연기 호평을 받고 있는 젊은 영국 출신 배우가
슈트를 차려입고 자신의 할리우드 점령기를 들려주었다.

글 조너선 히프Jonathan Heaf
(영국 『GQ』 피처 디렉터)

내가 벤 위쇼Ben Whishaw를 현실 세계에서 실제로, 그러니까 3D의 실물 크기(?)
로 본 것은 2010년 맨해튼의 거리에서다. 그는 당시 브로드웨이에서 상연되던, 극
작가 알렉시 케이 캠벨Alexi Kaye Campbell의 연극 「더 프라이드The Pride」에
떠오르는 여배우 앤드리아 라이즈버러Andrea Riseborough와 함께 출연하고
있었다. 연극은 남성과 여성의 사랑(휴 댄시Hugh Dancy와 라이즈버러), 그리고
남성과 또 다른 남성의 사랑(휴 댄시와 벤 위쇼)이라는 두 가지 평행적 사랑 얘
기를 담은 작품이었다.

　　그날 반은 넋이 나가 보이기도, 반은 취해 보이기도 했던 위쇼는 남의 시선을
조금 의식하는 듯 두 눈은 뉴욕의 도보가 뚫어질 듯 아래로 향했고 발을 질질 끌
며 이리저리 움직였다. 그 모습은 마치 「유주얼 서스펙트Usual Suspects」에서
케빈 스페이시Kevin Spacey가 연기한, 절름발이 버벌을 연상케 했다. 내가 느
끼기에 위쇼는 과거의 어떤 아픔을 아무도 모르게 겪고 있는 듯했다. 사람들은
그런 면을 관찰당하기 싫어하지만 관찰하는 것은 좋아한다. 난 그 모습을 알아
봤다. 혹은 그랬다고 생각했다. 그리고 3년이 흐른 뒤 더욱 공식적인 장소에서
그를 만나기에 앞서 나는 영국 배우 중에서도 가장 영국적인 그에 대한 나의 모
든 예상이 적중했음에 내심 혼자 뿌듯해했다. 작은 키에 미소년 같은 얼굴, 조
금 불안정해 보이면서도 내성적이고, 뻔뻔하면서도 음탕한 예쁜 눈은 어린 망
아지 같아 보이기도 했다.

물론 명성에 관심없고, 책을 좋아하며, 도통 의중을 알 수 없는 연기자라는 건 모든 사람들이 위쇼를 떠올릴 때 항상 생각하는 것이다. 글쎄, 그런데 우리의 생각은 보기 좋게 틀렸다(대부분 틀렸다고 본다. 그가 매우 배우다운 배우이고 책을 좋아하는 것은 맞다). 그가 연기한 BBC 드라마 「디 아워The Hour」의 박식하면서도 적극적이며 날카로운 프레디 라이언이 그에 대한 대중의 오해를 당신에게 납득시키는 데 실패했다면, 2012년 영화 「스카이폴」에서 제임스 본드의 최첨단 무기 개발자인 Q와 같은 캐릭터는 원래의 예상을 더 깊게 심어준 작품이었을 것이다. 어쨌거나 이 청년에겐 보이는 것보다 더 많은 게 있다.

"저는 대부분 혼자 있어요." 위쇼가 말한다. "아마도 그게 사람들이 저를 허풍떠는 유명인으로 보지 않는 이유인 것 같아요." 특히 그가 마지막 단어를 말할 땐 마치 헤어볼을 목에서 뱉어내는 고양이처럼 거의 구역질을 하는 듯 무시하는 투였다. 혹은 '유명함으로써 얻게 되는 유명세'에 대한 우리의 문화적 집착에 조금의 관심도 없는 듯한 태도였다.

"드물기는 한데, 길거리에서 누군가 말을 걸 때가 있어요. 기분 좋은 말들을 많이 해주시죠. 어떤 분은 제게 영화 「트와일라잇Twilight」에 나온 그 불쌍한 소녀 이야기를 해요. 커스틴Kirsten, 맞죠?"

크리스틴Kristen Stewart 얘기다.

"아, 크리스틴이요. 맞아요. 전 결코 그렇게는 할 수 없을 것 같아요. 호텔에서 살면서 일거수일투족 사람들에 둘러싸여 있는 거요. 존재 자체로 괴롭죠. 끔찍해요!"

유명세의 덫과 전 세계를 돌며 그럴듯하게 사람들을 호도하는 것을 즐기지 않음에도 불구하고, 나왔다 하면 흥행의 저력을 보여주는 제임스 본드 시리즈에 출연하면서 2013년은 그에게 가장 다작하는 해가 되었다. 그는 데이비드 미첼David Mitchell의 소설을 워쇼스키 자매The Wachowskis가 영화로 각색한 「클라우드 아틀라스」—의도적으로 갈피를 못 잡게 만든—에도 출연했다. "전 아직도 제가 영화 전체를 다 이해한 건지 모르겠어요. 모든 줄거리가 깔끔하게 마무리되지 않아 기쁘지만요." 그리고 베드퍼드셔 출신의 이 배우는 런던의 노엘 코워드 극장에서 상연되는 연극 「피터와 앨리스Peter and Alice」에서도 다름 아닌 M과 함께 주연을 맡았다. 맞다, 그의 새로운 옛 상사 주디 덴치Judi Dench 와 함께 말이다.

"본드 영화 촬영장에서는 실제로 주디와 한 번도 만난 적이 없어요." 위쇼가 말한다. "처음 만나서 인사를 나눴던 건 시사회 때였던 것 같아요. 제임스 본드

184

영화에 출연한 경험은 정말 엄청났어요. 본드를 향한 전 세계의 채울 수 없는 욕구를 단지 어느 정도 충족시킨 것뿐이죠. 제임스 본드의 유산은 우리 중 그 누구의 것보다도 훨씬 오래갈 거예요."

위쇼에 대한 대중의 흠모는 특히 트위터만 보더라도 부인할 수 없는 사실이다. 그를 만나기로 한 아침, 소설가 브렛 이스턴 엘리스Bret Easton Ellis와 저널리스트 케이틀린 모란Caitlin Moran은 온화한 소년 같기도, 아이 같기도 한 이배우에 대한 음탕한 애정을 담은 트윗을 남겼다. 특히 모란은 조금 더 나아가 그와 "사고치고 싶다"고까지 표현했다.

"전혀 몰랐어요." 그가 함박웃음이 터져 나오려는 걸 억누르며 말했다. "어쨌든 알려주셔서 감사합니다. 인정받는 건 언제든 좋은 일이죠."

인 터 뷰

대 통 령 의 테 일 러

오랜 시간 미국 정치 엘리트들의 슈트를 담당해온
마틴 그린필드Martin Greenfield는 그 어떤 고객의 것보다도
더 깊은 자신의 인생 이야기를 갖고 있다.

글 제프리 포돌스키

내가 벨벳 라펠이 달린 밝은 갈색의 해킹 재킷[87]을 의자에 걸쳐놓자 전설적인 테일러 마틴 그린필드가 앉아 있던 자신의 책상에서 천천히 일어나 부드럽게 말한다. "제가 재킷을 제대로 걸어 드리지요." 내가 심약한 사람에게는 어울리지 않는, 브루클린의 옆 동네 부시윅까지 건너온 이유는 그린필드 씨에게 테일러링에 관해 배우기 위해서였다. 하지만 결국엔 삶에 대해 배우는 계기가 됐다.

폴 뉴먼Paul Newman, 마이클 잭슨Michael Jackson, 콜린 파월Colin Powell, 그리고 미국 대통령을 지낸 세 인물—제럴드 포드Gerald Ford와 빌 클린턴Bill Clinton, 버락 오바마Barack Obama가 고객인 사실은 널리 알려져 있다—도 그를 만나러 이 거친 동네를 용감하게 터벅터벅 걸었다면, 뭐 나라고 안 될 것도 없지 않은가.

고급스러운 남색 윈도페인[88] 체크무늬의 스마트한 스리 피스 파란색 슈트에 파란색 스트라이프가 촘촘한 셔츠를 매치하고 페이즐리 무늬 타이를 한(파월 장관이 선물한 로널드 레이건Ronald Reagan 대통령의 커프링크스와 미국 달러를 형상화한 순금 반지는 물론이고) 그린필드 씨는 일을 힘들게 배웠다.

"보다시피 전 차려입는 걸 좋아하지요." 자신의 일터인 오래된 공장에서 그린필드 씨가 말한다. 이곳은 1947년 열아홉 살의 나이에 그가 미국 땅에 처음 발을 들인 뒤 말단 직원부터 공장 매니저까지 거치며 일해온 곳이다(그는 이 공장을 전 고용주로부터 사들였다). "제대로 차려입은 옷은 당신이 중요한 사람이라

187

는 것을 보여주거든요."

그린필드 씨와 재단사, 재봉사, 패턴사를 포함한 대략 125명 정도의 직원들은 브룩스 브러더스의 골든 플리스 라인부터 밴드 오브 아웃사이더스Band of Outsiders와 같은 브랜드에 이르는 의류를 함께 제작하고 있다. 그 외에도 그의 회사인 마틴 그린필드 의류사Martin Greenfield Clothiers는 도나 캐런Donna Karan이나 이브 생 로랑, 래그 & 본rag & bone의 맞춤 의상을 제작해왔다.

하지만 일반적으로는 8주에 걸쳐 세 번의 피팅이 요구되고, 가격은 약 240만 원 정도에서부터 시작하는 개인 고객들을 상대로 하는 작업의 미학을 즐기는 편이다. "우리는 처음부터 모든 것을 정확히 측정합니다. 그게 정말 맞는 거거든요. 어떤 사람들은 피팅을 하면서 여기저기 고치거나 하는데 우리는 절대 그러지 않아요." 그린필드 씨가 말한다.

그는 개인적으로 소재와 상관없이 크레이프직crepe weave을 사용한 슈트를 선호한다. "크레이프직을 사용하면 우리가 움직일 때 옷도 자연스럽게 따라 움직입니다. 그리고 입었을 때 느낌도 가장 편하지요. 대부분의 남자들은 색맹이라 할 정도로 색깔에 대한 이해도가 낮아요. 그러니 고객이 하는 일이 무엇인지 정확히 알아야 해요. 물론 질이 가장 중요하지만 가끔 돈 많은 사람들은 돈을 잘못된 방식으로 쓰기도 하거든요."

그는 모든 종류의 스트라이프와 다양한 사이즈의 슈트를 만들어내는 것으로 유명하다. 키가 216센티미터에 달하는 농구 선수 샤킬 오닐Shaquille O'Neal("그의 의상은 밑위가 길어야 해요. 큰 친구니까요")부터 마이클 잭슨("그 친구가 일을 시작했을 때 만났어요. 정말 좋은 사람이었는데 세상을 떠났지요")까지 모두 그의 고객이거나 고객이었다. 그가 특별한 애정을 갖고 있는 사람은 영화배우 폴 뉴먼이다. "폴은 오래된 운동복을 좋아하던 캐주얼한 남자였어요. 그런데 우리가 그를 한껏 차려입혀 주었더니 그 또한 좋아하더라고요." 폴 뉴먼이 은퇴하면서 그때까지 갖고 있던 맞춤 정장을 모두 모닥불에 태워버리겠다고 전화로 알려왔을 때 그린필드 씨는 그를 말렸다고 한다. "그는 정말 특별한 사람이었지요." 그린필드 씨가 회상한다. "난 말했어요. '이봐, 아직 그 옷들이 필요할 거야. 그리고 다시 영화에 복귀해야지.'" 물론 그린필드 씨의 말이 맞았다.

마틴 그린필드 의류사는 금주령 시대를 다룬 HBO의 드라마 「보드워크 엠파이어Boardwalk Empire」 속 주요 인물들의 의상을 담당했는데, 그린필드 씨는 특별히 드라마의 주연 배우 스티브 부세미Steve Buscemi에 대해 이렇게 말했다. "제가 그에게 물었지요, 드라마에서 가장 좋았던 게 뭐냐고. 그가 이렇게

답하더군요. '의상이요.'" 호평을 받은 벤 애플렉Ben Affleck의 영화 「아르고
Argo」 속 의상도 그의 손을 거쳤는데, 넓은 라펠과 플레어 팬츠를 포함한 1970
년대 의상을 언급하며 그가 웃었다. "그 친구가 모든 슈트를 가지고 가서 입고
있다고요!"

1970년대에 두 명의 비밀 요원이 와서 당시 대통령이었던 제럴드 포드를 위
해서 맞춤 방탄 조끼를 포함한 슈트를 제작해달라며 그를 괴롭힌 적이 있다. 그
린필드 씨는 재빨리 그들을 기억해냈다. "저는 살아남은 사람이기 때문에 타인
에게 휘둘리지 않지요. 그래서 그들에게 신사답게 행동하고 제 말을 들으라고
했죠." 그들은 그렇게 했다. 아, 우리는 그가 아우슈비츠 수용소(첫 샤워 후 그
는 그곳에서 머리를 깎였고 왼쪽 팔에 문신을 당했다)를 아직도 선명하게 기억하
는 남자라는 사실을 잠시 잊고 있었다. 누가 살아남고 누가 여기저기에서 죽을
지를 선택했던 '죽음의 천사Angel of Death'라 불린 악랄한 요제프 멩겔레Josef
Mengele의 빛나던 부츠를 그는 아직 기억하고 있다.

"우리 둘 다 살아남아서 만나자." 당시 그의 아버지가 그에게 한 말이다. "우
리는 함께 있을 수 없어. 그러면 서로에게 힘들어질 거야. 넌 강한 아이란다."

"그때가 가족을 본 마지막 순간이었어요." 그린필드 씨가 말한다. "우리 부모
님이 매장당하거나 가스실에 갈 거란 생각은 전혀 하지 못했죠. 3월의 화창한
날이었거든요."

아들에 대한 아버지의 생각은 옳았다. 체코 출신인 그린필드 씨는 미군이 캠
프를 해방시킨 후 당시 어린 소년으로 드와이트 아이젠하워Dwight Eisenhower
장군과 악수를 나누었던 순간을 떠올린 부헨발트[89]에 있을 때나 악랄한 죽음이 계
속되던 아우슈비츠에 있을 때나 억류자들보다 늘 한발 앞서 있었다. "시체가 불태
워질 때 나는 냄새를 맡을 수도 있었지요."

마지막에 그린필드 씨는 이렇게 말했다. "결국엔 사람을 존중하는 법, 옳은 일
을 하는 방법을 알게 되었어요. 다시 인간이 된 순간이야말로 진정 인간답게 살
수 있지요." 그는 지금까지 그렇게 살았고, 앞으로도 그렇게 살아갈 것이 분명하
다. "나는 이곳에 영원히 있을 겁니다." 삶에서 가장 힘든 역경을 견뎌낸 그가 부
드러운 목소리로 말한다. "나는 죽음이 두렵지 않아요. 이미 그 시절을 견디면서
이렇게 오래 살 수 있을 거란 생각은 전혀 하지 못했거든. 그런데 봐요, 난 지금
여기에 있지 않소. 그러니 매일 하느님께 감사하지요."

커스텀 바이크의 영웅들

미스터 포터가 모터바이크 디자인 세계를 휩쓸고 있는
두 명의 파리지앵을 만났다.

글 맨셀 플레처

지금 나는 파리의 문명화되었지만 그다지 눈에 띄지 않는 17구역의 특색 없는 다층 대형 주차장 앞에 서 있다. 건물의 이곳저곳을 서성이고 있던 찰나, 뒤편에서 작업실 같기도 하고 좀 노는 장소인 것 같기도 한 작은 공간을 발견했다. 만약 다 큰 성인 남성이 으레 어린 소년이 하는 것처럼 비밀스러운 은신처 같은 곳을 만든다면 바로 이런 모습일 테다. 이곳엔 빈티지 모터바이크와 부품들이 바닥에 어지럽게 나뒹굴고 있다. 그리고 지저분한 소파와 커피 테이블, 버번 병들이 놓인 테이블이 있다. 누드 달력도 있고, 그 자체로 강력한 존재감을 드러내는 아이맥iMac도 한쪽을 차지하고 있다.

남자의 작업실은 이래야 한다는 일종의 희석되지 않은, 원초적 꿈 같은 공간이 아닐까 싶은 이곳은 프레드 조든Fred Jourden(수염이 많다)과 휴고 제즈게이블 Hugo Jezegable(수염이 적다)이 운영하는 맞춤 바이크 숍 블리츠 모터사이클스 Blitz Motorcycles다. 낡은 일본산 125cc 모델부터 빈티지 BMW까지 오래된 모터바이크를 특별하고 독창적인 커스텀 아트 바이크로 재탄생시키는 곳이 바로 여기다. 제즈게이블이 회사의 다음 프로젝트를 준비하는 동안 조든이 우리에게 블리츠에 대한 몇 가지 이야기를 들려주었다.

미스터 포터는 인터뷰 당일 스타일에 관한 중요한 교훈을 하나 얻었다. 차고에 방문할 때는 절대로 흰 셔츠를 입어서는 안 된다는 것.

원래 전공이 기계 쪽인가?
온라인 마케팅 디렉터로 일하는 동안 야간에 기계 쪽 수업을 듣기 시작했다. 어릴 때 아버지가 엔지니어링을 가르쳐주셔서 엔진이 돌아가는 구조는 어느 정도 알고 있었지만, 직접 손으로 다뤄본 적은 없었다. 야간 코스를 모두 마쳤을 때 정말 행복했다.

블리츠는 어떻게 시작했나?
학교를 졸업하고 바이크 정비 쪽에서 일하는 친구와 함께 처음으로 BMW 바이크를 맞춤 제작하기 시작했다. 어느 날 당시 차고의 주인이 휴고를 한번 만나보는 게 어떻냐고 제안했다. 나는 휴고에게 바이크 제조하는 법을 가르쳐줬다. 그렇게 우리를 위한 바이크를 만들고 이어 친구와 친구의 친구들 것을 모두 무료로 만들어 줬다. 그러다 2009년 재정적 위기를 겪으면서 그것을 일종의 신호로 받아들였다. 그렇게 해서 2010년 블리츠가 만들어졌다.

주로 어떤 바이크들을 커스터마이즈하나?
특정 브랜드에 집중하지는 않는다. 지금까지 BMW, 할리 데이비슨Harley Davidson, 야마하Yamaha, 가와사키Kawasaki, 혼다Honda, 트라이엄프Triumph, 그리고 로열 엔필드Royal Enfield 제품을 다뤘다. 하지만 연료 분사형 바이크는 취급하지 않는다. 탱크를 바꾸기 위해서는 연료 펌프를 재설치해야 하고 그렇게 되면 모든 것이 잘못될 수 있기 때문이다. 그래서 우리는 카뷰레터(기화기) 엔진의 바이크만 취급한다.

블리츠만의 미학은 무엇인가?
우리는 불완전함을 좋아한다. 반짝이는 페인트에 녹이나 흠집, 스크래치 등을 섞는 것을 좋아한다. 해진 빈티지 가죽 재킷 같다고 보면 된다. 나는 그 재킷이 어떤 이야기를 들려주길 바란다. 이와 비슷하게 우린 바이크에 약간의 영혼을 불어 넣으려 한다.

고객을 위해 바이크를 맞춤 제작한다는 것은 무슨 얘기인가?
자바 프로덕션Jawa Production이라는 회사를 운영하는 남성을 위해 가와사키 650을 베이스로 만든 바이크가 있다. 우리는 알고 있었지만 그는 몰랐던, '자바'라는 체코산 모터바이크 브랜드가 있다. 그래서 우린 자바 사의 탱크를 구해 바이크에 설치하고, 약간의 먼지와 녹을 크롬과 버건디 색상의 페인트와 함께 더한 뒤, 그에게 이것이 당신의 '자바사키'라고 말해주었다. 또 다른 고객은 버밍엄에서 온 영국 신사이자 펑크 로커였는데 그는 뭔가 화려하면서도 시크한 것을 원했다. 하지만 우리는 그가 언제나 화려하고 시크하지만은 않다는 걸 알았다. 그는 때로 지저분하기도 했다. 그래서 우리는 BSA 탱크를 선택해 약간의 크롬과 검정색 페인트에 먼지와 녹을 더해보았다. 우린 바이크에 BSW라 이름 붙였고 그 역시도 완성된 바이크를 보고 매우 흡족해했다.

블리츠 바이크의 매력을 설명해달라. 기존의 다른 스포츠 바이크들에 비해 많이 느리지 않은가?
우리는 당신이 엉덩이로 충분히 통제할 수 있는 바이크를 만들기 때문에 시속 90킬로미터의 커브를 즐길 수 있고, 길 위에서 마치 서핑하는 듯한 매끄러운 기분을 느낄 수 있다. 2급 도로에서 부드럽게 달리는 것이 가장 좋은데, 숲과 꽃내음을 맡을 수 있고 가다가 강을 만나면 멈춰서 수영을 할 수도 있기 때문이다. 카우보이가 된 듯한 라이딩을 즐길 수 있다. 그리고 사실 프랑스의 경우 속도 감시가 심하기 때문에 도심 안에서는 시속 50킬로미터보다 더 빠르게 달려서는 안 된다.

전통적인 모터바이크 커뮤니티를 선호하지 않는 남성들에게도 어필하려고 했나?
전통 모터바이크 매체보다는 패션이나 디자인, 혹은 여성 잡지 쪽으로 노출해왔다. 바이크라는 것에서 촌스러운 시골 이미지를 벗기고 한층 에지 있고 아름다운 것으로 만들려고 노력한다. 만약 바람이 있다면, 뉴욕 현대미술관에 전시되는 것이다.

모터바이크 제조사들은 어떻게 반응했나?
BMW는 우리의 영상을 자신들의 웹사이트에 올리고, 뮌헨에 있는 BMW 박물관에 우리 바이크를 전시하게 해주는 등 많이 지지해주고 있다. 심지어 그 바이크에는 야마하 탱크를 달았는데도 말이다. 다른 브랜드들도 우리를 알고 있지만 그다지 필요로 하진 않는다. 트라이엄프는 이미 충분히 멋있고 할리 데이비슨은 많은 사람들이 멋지다고 환호하는 브랜드다.

에드윈Edwin과는 어떻게 함께 작업하게 되었나?
우리의 영상 「라이딩 셉템버Riding September」를 본 에드윈의 마케팅 매니저가 같이 작업해보지 않겠느냐며 제안했다. 우선 우리는 에드윈을 위한 바이크를 제작했다. 제작하는 동안 삶의 철학에 대한 장문의 이메일을 주고받았는데, 결국 캡슐 컬렉션⁹⁰ 작업까지 함께하게 되었다.

'블리츠 룩'이란 어떻게 설명해야 할까.

생 제임스Saint James 점퍼에 에드윈 티셔츠와 청바지, 레드윙Red Wing 부츠, 빈티지 시계와 빈티지 가죽 재킷과 잘 어울린다. 여름이라면 오래된 멋의 벨스타프Belstaff 재킷도 좋다. 그리고 마무리는 1960년대 느낌이 나는 다비다 Davida 헬멧을 착용한다.

좋아하는 바이크 영웅은 누구인가?

스티브 맥퀸Steve McQueen의 친구였던 버드 에킨스Bud Ekins다. 그는 영화「대탈주The Great Escape」에서 모터바이크 점프를 한 스턴트 라이더다. 당시 영화사는 맥퀸이 직접 하지 못하게 했기 때문에 에킨스가 대신 스턴트를 했다. 그리고 에벨 크니벨Evel Knievel은 어린 시절 이러한 꿈을 꾸게 한 장본인이다. 그 외에도 자코모 아고스티니Giacomo Agostini, 당연히 배리 신도 있다.

가장 제작하고 싶은 바이크는 무엇인가?

나의 드림 바이크는 빈센트 블랙 라이트닝Vincent Black Lightning[91]이다. 유명한 영국 브랜드인데 정말이지 훌륭하게 잘 만들어졌지만 너무 추앙만 받고 있는 것 같다. 그 모델에 야마하 탱크를 달고 싶은데 아마 그런 일이 생길 것 같진 않다. 구하기도 워낙 힘든 데다가 바이크를 분해한다면 되돌릴 방법이 없기 때문이다.

리포트

파블로 피카소

예술만큼이나 스타일로도 우리에게 많은 영감을 주었던 그에게 찬사를 보내며.

글 마이클 페피아트Michael Peppiatt
(작가, 비평가이자 사학자)

밝은 빨강은 투톤 슈즈에 포인트로 들어간 걸까, 아니면 골퍼의 십자무늬 체크
룩에 쓰인 걸까. 예상 외로 포멀하다는 건 맞춤 정장의 뒷부분을 얘기하는 걸까,
아니면 아가일 양말과 매치한 헐렁한 배기 반바지를 말하는 걸까. 여름용 바지
혹은 전쟁 전 지중해 연안 지역에서나 입었을 법한 경쾌한 수영복은 예전엔 턱
시도 슈트용 바지가 아니었을까.

그밖에도 더 많은 일화가 무궁무진하다. 파블로 피카소Pablo Picasso 얘기
다. 그는 그림 그리는 방식을 바꾼 것처럼 자주, 그리고 급진적으로 옷 입는 방
식에도 변화를 주었다. 예술가였던 만큼 본능적으로 옷을 입곤 했는데, 그의 삶
이나 공상 속 그 무언가가 이끄는 대로 룩을 매번 바꾸는 식이었다. 그 주변에
있던 많은 예술가들은 지극히 전통적인 스타일로 옷을 입었다. 특히 성공이 그
들의 발목을 잡았을 때는 더욱 그랬다. 조르주 브라크Georges Braques는 시원
한 느낌의 새하얀 스카프를 즐겨 했고, 앙리 마티스Henri Matisse의 경우 누드
스케치를 할 땐 꾸밈없는 아저씨 같은 느낌으로 양복 조끼를 입었다. 바실리 칸
딘스키Wassily Kandinsky는 고리타분한 은행원처럼 포멀하게 입곤 했으며 살
바도르 달리Salvador Dalí는 알다시피 둥글게 말린 수염과 털 코트, 은색 지팡이
등 옷도 쇼처럼 입는 사람이었다. 하지만 피카소는 가장한 것이 아니었다. 오페
라에 참석하든, 가면무도회를 위해 변장하든, 혹은 단순히 사람들 앞에서 광대
처럼 익살을 부리든 그는 언제나 그 자신이었다. 혹은 그가 가지고 있는 수많은
자기 자신 중 한 명이었다.

"가벼운 사람들만이 겉모습으로 사람을 판단하지 않는다." 오스카 와일드의

말이다. 하루는 예술가들이 세상에 자신을 알리는 방식과 이유에 관해 연구한 논문을 읽었다. 프랜시스 베이컨Francis Bacon은 말년에 가서 마치 상류층의 성공한 갱스터처럼 옷을 입었다고 한다. 연한 줄무늬가 들어간 더블브레스트 슈트와 어깨에 견장까지 달린, 위협적으로 보이는 꽉 끼는 블랙 가죽 코트를 입은 모습은 알 카포네Al Capone[92]의 영국 버전처럼 보였을 것이다. 경박해 보였냐고? 잘 모르겠다. 다만 그가 입었던 모든 것은 베이컨에게는 의미가 있었다. 특히 무지갯빛 실크 셔츠와 데저트 부츠[93]처럼 그가 사랑했던 옷차림은 사진에서도 찾아볼 수 있다. 또 회반죽과 페인트, 점토를 다룬 알베르토 자코메티Alberto Giacometti가 언제나 트위드 재킷에 넥타이를 하고 작업했다는 사실은 단지 일화에 불과할까? 나는 그렇게 생각하지 않는다. 매일 몽파르나스의 작업실에서 통용된 상식에 도전하며 작업했던 그는 나름 자신이 생각하는 평범함의 파편들을 고수했던 것이다.

내가 데이비드 호크니David Hockney를 마지막으로 마주쳤을 때 그는 런던 웨스트엔드의 양복점에서 나오는 중이었다. 양복점은 호크니를 위한 새로운 슈트를 만들고 있었는데 그들이 들려준 이야기는 상상 이상이었다. 밝은색의 모자와 스트라이프 셔츠, 독특한 양말과 편해 보이는 넉넉한 슈트 등 오랜 세월 동안 호크니가 만들어온 시그니처 룩은 알고 보니 심도 있게 계획되고 만들어진 쇼의 한 부분이었다는 사실이다. 팝 아트의 아이콘에서 문화적인 귀족까지 그의 거침없는 상승세를 투영한 것이 바로 그의 의상이었던 것이다.

사람들은 흔히 스타일이 곧 그 사람 자신이라고 말하곤 한다. 그렇다면 20세기의 거장 피카소는 자신을 어떻게 드러냈을까? 그에게는 틀에 짠 듯한 특정한 스타일이 있었을까? 그는 어떤 특정한 순간에 날카로운 주름이 있는 와이드 팬츠를 입기로 결정했던 걸까?(그의 친구였던 시인 장 콕토Jean Cocteau처럼 말이다.)

물론 아니다. 피카소는 무한한 공상과 끝없는 변화를 거듭한 창조자였다. 그의 오랜 활동 기간 동안 다양한 순간을 담은 사진 몇 개만 살펴보더라도, 그가 카메라 앞에 같은 의상을 두 번 입고 나타난 적은 없음을 쉽게 알아차릴 수 있다. 혹시 찾을 수 있다면 한번 찾아보라. 파리에서의 초창기 시절 피카소는 어두운 톤의 오버올과 동키 재킷[94] 등 주로 약간 장인 느낌이 나는 의상을 입고, 가끔 챙이 넓은 모자나 큰 사이즈의 로맨틱한 나비 넥타이로 스타일을 마무리하기도 했다. 아무런 예고도 없이 투박한 부츠를 신고 나타나기도 하고, 입체파 화가인 동료 브라크에게서 빌린 군복을 입는 등 요상한 모습을 보여주기도 했다. 활동 초

1957년 프랑스 칸에 있는 빌라 라 칼리포르니Villa La Californie에서 피카소의 모습

기의 일이지만 이런 일화에서 이미 그가 옷을 단순히 입기만 하는 게 아니라 차려입는 것 자체를 상당히 즐겼다는 걸 알 수 있다.

당시 피카소는 여전히 인지도를 갈구하고 있었다. 도전적인 작품으로 고군분투한 끝에 부유층을 사로잡은 그는 흡사 위험한 인습 타파자 같았던 자신의 모습을 누구라도 좋아할 사교계 스타일로 변신시켰다. 작업용 바지나 스웨터의 흔적은 모두 지우고 완벽한 테일러링의 슈트와 타이, 모자와 손수건, 조끼와 소매에 커프링크스를 채운 셔츠가 그 자리를 대신 차지했다. 이때를 피카소의 '공작부인Duchess' 시절이라 부른다. 당시 모든 귀족과 돈이 그에게 다가왔고, 자기 자신을 누구보다 잘 알고 또 자기 홍보에 능했던 피카소는 삶의 새로운 역할을 위해 옷을 입었다.

하지만 그는 본인의 그림에 비싼 돈을 지불한 귀족들처럼 자신도 그렇게 옷을 입을 수 있다는 걸 증명한 이상, 그들을 안심시켜야 할 필요가 없다는 사실을 깨닫는다. 결국 그는 충분히 부유해졌고 본인이 원한다면 기사가 딸린 이스파노 수이자Hispano-Suiza[95]의 뒷자석에서 속옷만 입고 있어도 편할 만큼 탄탄하게 자리를 잡은 것이다. "나는 가난한 사람처럼 살아도 될 만큼 여유로운 부자가 되고 싶다." 그는 언젠가 이렇게 말했다. 그것은 그에게 자유롭게 마음대로 사는 것을 의미했고, 주방에서 반바지만 입고 돌아다니며 중요한 딜러나 컬렉터가 찾아오든지 말든지 전혀 개의치 않는다는 것을 의미했다. 인생의 모든 중심을 작업실과 침대, 혹은 해변에 맞추면서 그는 순식간에 톱 해트⁹⁶에서 베레모와 에스파드리유로, 스리 피스에서 거의 아무것도 입지 않는 것으로 바뀐 삶의 여정을 행복하게 보낸다.

그렇지만 꾸미기에 대한 애착은 여전히 남아 있었다. 카메라 앞에 설 때 피카소는 거대한 가짜 코라든가 음울해 보이는 사냥 모자, 혹은 게리 쿠퍼Gary Cooper가 선물한 커다란 인디언 전통 머리 장식 등 늘 뭔가 우스꽝스러운 것을 찾았다. 그는 나이가 들수록 점점 더 옷을 덜 입었는데, 훗날에는 지중해에서 태운 까무잡잡한 피부에 수영복 반바지만 입은 모습이 자주 포착됐다. 당시 피카소는 화가 중에서도 세계에서 가장 유명하고 가장 많은 사진이 찍힌 인물이었다. 누구라도 그를 즉시 알아볼 수 있었으니 그에겐 옷이 정말로 더 이상 필요하지 않았을지도 모른다.

1954년 프랑스 발로리에서 피카소

최 신 리 빙 트 렌 드

세계 최고의 가구 박람회에서 뽑은
아홉 가지 흥미로운 디자인에 대하여.

글 닉 빈슨Nick Vinson

밀라노 가구 박람회는 단언컨대 세계 디자인 업계의 연중행사 중 가장 중요한 이벤트다. 매년 4월이 되면 대표적인 건축가와 산업 및 인테리어 디자이너, 바이어, 큐레이터, 갤러리스트와 기자 등 디자인 업계에서 활동하는 모든 사람들이 밀라노로 향한다. 2013년에는 전 세계적으로 무려 160개국 이상의 32만4천 명이 넘는 사람들이 6일간의 빠듯한 일정 동안 최대한 많은 양의 새로운 소파와 의자, 테이블, 책장, 그리고 조명을 구하기 위해 이곳으로 날아왔다.

이 기간에는 이탈리아와 기타 세계적인 가구 브랜드들이 자신들의 작품을 선보이는 공식적인 박람회 전시장 외에도 도시 안의 가능한 모든 공간이 새로운 가구와 디자인을 전시하는 데 쓰인다. 자신들의 쇼룸에서 전시하는 것을 선호하는 브랜드가 있는 반면, 대중에게 알려지지 않은 숨겨진 보석 같은 장소를 빌려 작품을 선보이는 브랜드도 있다.

한편 베르사체 홈Versace Home과 하스 브러더스The Haas Brothers, 파트리시아 우르키올라Patricia Urquiola가 디자인한 미소니Missoni 스토어, 보테가 베네타와 낸시 로렌즈Nancy Lorenz가 함께한 세상에 하나뿐인 박스, 주간 론칭 행사를 진행한 프라다 등 수익성 좋은 홈 컬렉션과 디자인 콜라보레이션을 발표하는 패션 하우스들도 있다. 프라다의 경우, 그들의 가을/겨울 패션쇼와 같은 무대 위에서 OMAOffice for Metropolitan Architecture의 건축가 렘 콜하스가 미국의 가구 제조사인 놀Knoll을 위해 제작한 첫 번째 가구 라인 '인생을 위한 도구 Tools for Life'를 공개했다. 파리에서 날아온 에르메스Hermès 역시 필립 니 그로Philippe Nigro와 함께 완성한 여덟 가지 새로운 가구 작품을 론칭했고, 루이비통Louis Vuitton은 그들의 '오브제 노마드Objets Nomades' 라인을 만든 주역인 뛰어난 재능의 디자이너들과 다양한 토크 시리즈를 진행했다.

　박람회 기간 동안 낮에는 전시장 홀들을 왔다 갔다 하며 보내고, 저녁 시간엔 손에 식전주를 들고 여러 장소를 옮겨 다니게 된다. 디자인 행사 스케줄은 오프닝과 파티, 매력적인 저녁 식사로 가득 찬다. 단 가벼운 식사와 술의 미학을 배우게 되는 밀라노에 있다면, 하룻밤에 세 번의 식사를 하는 것 또한 예상해야 할 것이다. 여기 우리를 가장 감동시킨 디자인을 소개한다.

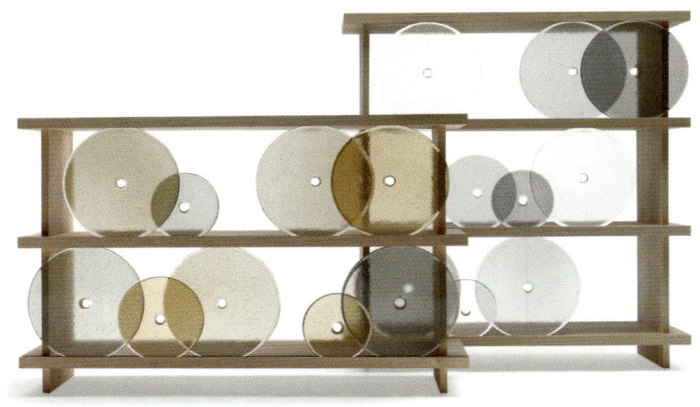

회전하는 유리장
넨도가 작업한 딜모스 사의 작품

오키 사토가 운영하는 일본의 디자인 사무소 넨도Nendo는 살로네 사텔리테Salone Satellite—재능 있는 신진 디자이너들이 제조사의 눈에 띌 수 있기를 희망하며 참여하는 밀라노 가구 박람회의 또 다른 행사—를 통해 처음 데뷔했다. 물론 그들은 성공적이었다. 2013년까지 넨도는 열다섯 개 브랜드와 함께 일했고 최소 네 번의 전시를 선보인 바 있다. 그중 하나는 딜모스 갤러리에서 열린 〈글라스워크Glassworks〉였는데, 이 작품은 과해 보이기도 하지만 넨도만의 시적인 디자인이 매우 훌륭해서 그 외의 모든 것은 용서해줄 수 있을 정도다. 뛰어난 유리와 조명 제조사인 라스비트Lasvit에서 제작한 유리 디스크를 자작 나무에 결합한 이 장은 마치 샤를로트 페리앙Charlotte Perriand[97]의 1950년대 멕시코 책장 Mexique bookshelf을 떠오르게 한다. 부드러운 색조의 디스크 중앙에 뚫린 손가락만 한 사이즈의 구멍은 일종의 핸들이 되어 디스크를 손쉽게 돌리고 움직일 수 있도록 한다.

IC 조 명 시 리 즈
마이클 아나스타시에이즈가 디자인한 플로스 사의 작품

키프로스섬 출신으로 런던을 무대로 활동하는 디자이너 마이클 아나스타시에이즈Michael Anastassiades의 시그니처 작품은 특유의 섬세하고 고급스러운 조명이다. 밀라노 가구 박람회에서 2년에 한 번씩 열리는 조명 전시회 에우로루체Euroluce에서 그는 2013년 이탈리아의 일류 조명 제조사이자 뛰어난 기술력을 겸비한 브랜드 플로스Flos와 팀을 이뤘다. 이 둘의 만남은 역시 우리를 실망시키지 않았다. 그들의 스트링 서스펜션 조명은 일반적으로 누구나 한 번씩 고민하던 조명의 전선을 디자인에 현명하게 흡수시켰다. 사진에서 보는 것처럼 무연탄 혹은 황동 기둥 위에 다소 불안정해 보이는 유리구를 마법 같은 균형감으로 안착시켜 IC 조명 시리즈를 한층 돋보이게 만들었다. 마술이라도 부린 듯 섬세한 평형 감각이 돋보인다.

게오르그와 함께하는 차 한잔
스홀텐 & 바이잉스가 디자인한 게오르그 옌센 사의 작품

암스테르담 기반의 스홀텐 & 바이잉스Scholten & Baijings는 전통적 공예 기술과 산업 디자인을 오리지널 컬러와 적절히 섞는 디자이너로 알려져 있다. '게오르그와 함께하는 차 한잔Tea with Georg Tea Set'은 이들이 코펜하겐의 브랜드 게오르그 옌센Georg Jensen과 처음으로 협업한 작품이다. 차를 데우는 워머warmer가 포함된 찻주전자, 케이크 스탠드, 그리고 각각 차와 에스프레소용 컵과 받침으로 이루어져 있다. 게오르그 옌센의 상징적 소재인 스테인리스 스틸, 일본식 도자기와 아크릴이라는 혁신적인 소재의 사용은 스홀텐 & 바이잉스의 전형적인 스타일이다.

콘솔, 테이블, 그리고 의자
프로메모리아를 위한 데이비드 콜린스의 작품

많은 유명 호텔과 바, 그리고 레스토랑 뒤에 런던 출신의 건축가이자 디자이너 데이비드 콜린스David Collins가 있다. 런던의 울슬리The Wolseley, J 시키J Sheekey, 들로네The Delaunay, 클래리지스 바Claridge's Bar, 그리고 버클리Berkeley 호텔의 블루 바The Blue Bar까지 모두 그의 작품이다. 그러나 알렉산더 맥퀸Alexander McQueen의 매장을 재디자인한 것과 가구 브랜드 프로메모

리아Promemoria를 위해 이 캡슐 컬렉션을 제작한 것과 같이, 그는 칵테일과 파인 다이닝에 국한되지 않고 많은 다양한 작업을 해왔다. 콜린스는 2013년 너무나 일찍 우리 곁을 떠났지만 그의 작업 중 유일하게 상업적으로 구매 가능한 이 작품은 그가 떠나기 전 밀라노에서 선보여졌다. 한편으로 그에게 어울리는 헌사이기도 하고 말이다.

르 파크
미노티를 위한 로돌포 도르도니의 작품

밀라노를 근거지로 활동하는 건축가이자 디자이너인 로돌포 도르도니Rodolfo Dordoni는 현대적인 디자인에 복고적인 감성을 접목시키는 디자이너로, 이탈리아 가구 브랜드인 미노티Minotti와 함께 작업했다. 실내와 야외용 가구 컬렉션인 '르 파크Le Parc'는 유럽의 전통적인 연철 가구에서 영감을 받았다. 연철 디자인에서 흔히 볼 수 있는 과한 곡선이나 프릴을 찾아볼 수 없는 것은 그만의 뛰어난 기술 덕분이기도 하다. 대신 그는 연철에 적절하고도 현대적인 감성을 덧입혔다. '르 파크' 컬렉션은 소파, 안락의자, 오토만,[98] 벤치, 테이블, 긴 의자로 구성되며 모두 방수 소재의 커버와 곡선의 관 모양의 철재를 기반으로 했다.

셈플리체 조명
올루체를 위한 인더스트리얼 퍼실리티의 작품

인더스트리얼 퍼실리티Industrial Facility를 운영하는 런던의 산업 디자이너 샘
헥트Sam Hecht는 올루체Oluce를 위한 첫 조명 작업에서 받침과 기둥을 모두
과감하게 제거하고 유리가 테이블 위에 직접 올려질 수 있도록 했다. 가장 위쪽
의 조광기는 빛을 머금고 있는 듯한 메탈 덮개와 함께 유리관을 지탱한다. 섬세
한 단순함이 돋보이는 작품으로, 헥트는 이 조명에 '단순하다'는 뜻의 이탈리아
어인 '셈플리체Semplice'라는 이름을 붙였다.

진도 5.9 화병
버드리를 위한 파트리시아 우르키올라의 작품

2012년 5월 지진 규모 5.9의 강진이 이탈리아의 에밀리아 지역을 강타했을 때

피아니

프랑스의 형제 디자인 듀오 로낭 부룰렉Ronan Bouroullec과 에르완 부룰렉 Erwan Bouroullec이 디자인한 피아니 The Piani는 조명을 이루는 바탕이 되는 트레이가 돋보이는 작품이다. 마치 여기에 놓이는 작은 물건들을 돋보이게 하는 무대처럼 보인다. 소재와 미니멀한 형태의 대가로 불리는 이 듀오의 작품은 화려한 광택을 뽐내지만 깨끗하게 정제된 디자인의 모범이라 할 수 있으며, 플라스틱과 오크 소재, 그리고 다양한 색상으로 선보인다.

앵글포이즈 1227

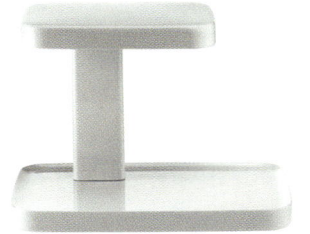

1934년 처음으로 출시된 카워딘의 앵글포이즈 1227은 진정한 영국 디자인의 진수로 우아한 엔지니어링 기술과 뛰어난 기능을 겸비했다. 아르데코[99] 스타일의 받침대가 조명을 인상적으로 떠받치는 한편, 세 개의 스프링이 별도의 쥠쇠 없이 조명의 암을 단단하게 잡아준다. 디자인은 이후 여러 번 업그레이드되었는데, 2004년 발표된 케네스 그레인지Kenneth Grange의 타입 75는 그 자체로 미니멀한 명작이다.

베스트라이트 블리

바우하우스 디자인에 큰 영향을 받은 또 다른 영국 디자인인 베스트라이트 블리
The Bestlite Bli는 파리와 뒤셀도르프에서 수학한 디자이너 로버트 더들리 베스
트Robert Dudley Best의 작품이다. 1930년부터 버밍엄에서 운영해온 가족 회
사에서 생산됐다(당시 회사는 세계에서 가장 큰 조명 공장이었다). 이 스탠드는
여전히 버밍엄에서 만들어지고 있지만 제조 권한은 2004년부터 덴마크 기업 구
비Gubi로 넘어갔다. 구비는 이 조명의 품질을 높이는가 하면, 디자인에도 새로
운 생명을 불어넣었다. 구비 사는 이외에도 그레타 그로스만Greta Grossman
의 코브라 조명과 같은, 바우하우스에 영향을 받은 모더니즘 제품을 생산한다.

제이크 버그

영국의 싱어송라이터 제이크 버그Jake Bugg가
가장 좋아하는 다섯 곡을 뽑았다.

〈리브 마이 우먼 얼론Leave My Woman Alone〉
레이 찰스Ray Charles

"이 음악에는 일관된 느낌과 정말로 멋진 분위기가 있어요."

〈아이 돈 워너 노I Don't Wanna Know〉
존 마틴John Martyn

"감미로운 느낌이 나는 정말 좋은 곡이에요. 중간에 재즈 연주도 들어가 있고 실제로 구조가 잘 짜여 있기도 하죠."

〈트와이라이트 타임Twilight Time〉
더 플래터스The Platters

"이 곡엔 멜로디 변화가 많아요. 처음 들었을 땐 그게 마음에 들지 않았어요. 그런데 들으면 들을수록 느껴지는 게 많은, 그런 곡 중 하나예요."

〈얼론 어게인 오어Alone Again Or〉
러브Love

"이 곡의 비하인드 스토리가 마음에 들어요. 만약 사실이라면요. 그들은 도주 중인 범죄자였고 가게를 털려고 했어요. 하지만 아름다운 음악을 만들었죠. 이 곡은 정말 멋져요."

〈유스 미Use Me〉
빌 위더스Bill Withers

"이 곡의 오프 비트off-beat 드럼 연주를 사랑해요. 완전 멋지죠."

리포트

야외 식사의 혜택과 위험

야외에서의 식사가
항상 좋은 생각만은 아닌
이유에 대하여.

글 댄 데이비스, 소피 데닝Sophie Dening

야외에서 음식을 먹는다는 건 그윽한 회색빛 하늘 아래 사는 우리 같은 사람들에겐 특히 이상적인 것임에 틀림없다(실은 여름이 본격적으로 시작될 때나 가능하기도 하고). 야외에서의 식사는 기본적으로 지중해의 이미지를 떠오르게 한다. 계절 음식이 잘 차려진 식탁, 제각각 예술적으로 믹스매치된 의자, 깅엄 체크의 테이블보, 텔레파시로 일하는 것 같은 웨이터들이 계속해서 채워주는 와인 같은 것들 말이다. 푸른 하늘, 피부에 닿는 햇살, 그리고 술이 기분 좋게 취하

217

는 밤으로 서서히 바뀌는 것을 목도하는 오후의 느긋한 시간들. 아, 생각만 해도 기분 좋은 것들이다.

혹은 전혀 아닐 수도 있다. 전문가들이 멋진 야외에서 음식이 더 맛있게 느껴지는 과학적 원리나 자연과 가까이함으로써 얻는 심리적 혜택에 대해 무엇을 이야기하든지 간에, 우리가 남부 유럽 사람들을 따라 하기로 결심하기까지는 주저할 수밖에 없는 위험 요소가 존재한다.

해가 떠오르는 즉시 집착을 보이는 우리니까 일단 자연에서부터 이야기를 시작해볼까. 깨닫지 못하는 경우를 생각해 굳이 언급하자면, 하느님의 자녀들 중 따뜻한 날씨를 만끽하는 것은 인간뿐만이 아니다. 곤충도 그러하다. 우리가 밖에서 식사할 때 그들의 태도는, 마치 우리의 식사 자리에 스스로를 초대하는 것처럼 보인다. 우리는 늘 테라스나 정원에서의 테이블 너머로 특별히 거대한 비행기를 서둘러 착륙시키기라도 하듯 요란하게 움직이는 곤충의 무리를 포착할 수 있다.

날씨가 더욱 따뜻해지기라도 하면 추가로 모기라는 불청객이 찾아온다. 양말로 다리를 보호하겠다며 땀으로 젖는 발을 견디고 있거나, 혹은 온몸에 바른 독한 벌레 퇴치약으로 인해 눈물이 나지는 않는가? 아니면 모기에 물려 부은 발목 주위를 식사 내내 격렬하게 긁고 있지는 않은가? 자, 이건 정말 아니다. 합리적인 선택을 통해 실내에서 먹는 편이 훨씬 낫다.

먹이 사슬 이야기로 나아가면, 상황은 더욱 악화된다. 영국의 해안가 마을에서 피시 앤드 칩스fish and chips를 먹어본 사람이라면 영화 「쥬라기 공원Jurassic Park」의 실성한 엑스트라를 연상시키는, 갈매기 떼의 습격에 대해 설파할 수 있을 것이다. 도시에서 그 역할은 저 높은 곳에서도 빈틈없는 정확성으로 새똥을 배달하는 비둘기가 담당한다. 내가 생각하는 식사의 풍경은 이게 아니다. 이런 새들은 저 멀리 보이는 나무 위에 앉아 재잘대거나, 혹은 접시 위에 조리되어 있어야 하는 것이다.

반려견 친화적인dog-friendly 식당의 정원에서 개들이 붙박이로 앉아 있어야 할지라도, 그들을 위한 식탁은 없는 게 맞다. 비싼 돈을 준 음식을 막 입속으로 넣으려 할 때 당신의 아랫부분을 꼼꼼하게 핥아대는 강아지를 보는 것이 뭐가 그렇게 '친화적인' 건지 반론할 수 있는가. 이는 '아이들을 환영한다는 child-friendly' 야외 식사 공간에서도 똑같이 적용되는 이야기다. 아이가 울고 불고하고, 여기저기 넘어지고, 서로 치고받고, 말벌에 쏘이는 모습들은 흔하디흔하고, 혹여 아이들이 파리나 비둘기, 개의 몫으로 남겨진 듯 바닥에 떨어진 음식을 줍기라도 한다면? 허둥지둥하며 꾸짖을 부모의 모습은 불 보듯 뻔하다. 이 모든 배경이 편안한 식사의 모습이라고 생각하지 않는 한 거슬리는 것은 당연하다.

물론 야외 정찬에서 가장 중요한 것은 날씨다. 그러나 이를 위태로운 경험으로 만드는 수많은 장애 요인이 존재한다. 너무 더운 와중에 적합하지 않은 의자에 앉아 있다면 셔츠는 곧 땀으로 축축해질 것이고, 결국 데이비드 보위의 앨범 《알라딘 세인Aladdin Sane》의 커버 이미지가 떠오르는 화상을 입고 집으로 돌아가게 될 것이다. 만약 그늘에 앉았다면, 애초에 밖에서 먹는 의미가 있긴 한 건가? 선글라스를 깜빡했다면 식사 내내 낮술에 취한 사람처럼 눈을 가늘게 뜨고 있어야 할 테고 말이다(어쨌거나 많이 혹은 적게라도 마셨겠지만). 만약 선글라스를 낀 경우엔, 접시에 놓인 음식을 온전히 즐기지 못할 것이다. 바람이 세차게 부는 날엔 수프에 요동치는 물결과 씨름해야 하고, 만약 비라도 온다면—혹은 당신이 영국에 있다면—그저 밖에서 먹겠다는 바보 같은 결정을 한 자신을 욕할 것이 분명하다.

모든 테라스가 스페인 코스타 브라바의 엘 불리 레스토랑 같은 전원의 아름다움과 고요함을 선사하면 좋겠지만, 실상은 많이 다르다. 태양 아래나 별빛 아래에서 식사하고픈 우리의 바람은 시도 때도 없이 지나가는 차량과 비행기의 응응거리는 소음, 그리고 머리 위에 편리하게 자리 잡은 에어컨의 끊임없이 덜거덕거리는 소리를 모두 모른 척하게 만든다. 레스토랑 안에서 식사할 때는 이와 같은 소음을 조금도 참으려 하지 않으면서, 왜 밖에서는 이토록 관대해지는 걸까.

멋진 야외에서 식사할 때는 될 대로 되라는 식의 천하태평 태도가 불러일으키는 부작용, 즉 일종의 편집증이 생긴다. 대도시에서 거리에 깔린 테이블에 앉았다면, 또 당신이 나와 비슷하다면, 메뉴보다는 바지 주머니에 아이폰과 지갑이 잘 있는지 확인하는 데 더욱 집중할 것이다. 소매치기에 무방비 상태가 되지 않도록 당신의 부인 혹은 데이트 상대에게도 핸드백을 함부로 두지 말라고 미리 경고할 것이다. 이 모든 것은 로맨틱한 분위기를 망치는 결과를 초래한다. 물론 에어컨 바로 밑에 앉아 있는 한, 상대방은 당신이 무슨 말을 하는지 어차피 못 알아들을 테지만.

이 모든 이야기를 마무리하자면, 결국 당신은 밖에 앉은 대부분의 시간을 웨이터를 부르기 위해 손을 흔들며 보낼 거란 얘기다. 그런데 여기서 문제는 그들이 그런 당신을 보며 벌을 쫓거나 배고픈 비둘기들을 날려 보내기 위해 손을 휘젓고 있다고 생각할 거라는 사실이다. 어쨌거나 이 모든 위험 요소에도 불구하고 야외에서 식사를 하겠다면 건투를 빈다. 나는 그저 실내에서 식사하며 열린 창문을 통해 이 모든 것을 지켜볼 테니까.

실패 확률 없는 야외 레스토랑 여섯 곳

라방 포르
일드레섬, 프랑스

생마르탱섬의 작은 부두 건너편에 자리한—요트 클럽 가까이 있지만 아이스크림 가게와는 멀리 떨어진—라방 포르L'Avant-Port 레스토랑은 일드레섬의 예쁜 마을이 가장 많이 몰려 있는 곳에서도 지나다니는 사람이 드문, 최적의 위치를 자랑한다. 클래식한 항구를 바라보며 섬세한 서비스와 함께 그날그날 잡아 올리는 새우나 작은 바닷가재 꼬리를 구운 요리를 맛볼 수 있다.

카사 와하카
와하카, 멕시코

해발 1천500미터 위 고원에 자리 잡은 멋진 도시 와하카에 있는 레스토랑 카사 와하카Casa Oaxaca는 미식가들로 하여금 산이 보이는 이 옥상 식당을 기꺼이 찾아오도록 만든다. 타코와 토스타다와 같은 오리지널 멕시코 음식을 선보이는 데, 모두 지역에서 나는 매우 훌륭한 품질의 재료를 사용하기 때문에 최고로 세련된 수준의 음식을 경험할 수 있다.

카탈리나 로즈 베이
시드니, 호주

시드니 항구 동쪽 해안에 위치한 카탈리나 로즈 베이Catalina Rose Bay는 매일 주문과 동시에 껍질을 까기 시작하는 신선한 굴과 훈제 연어, 구운 새끼 돼지와 프라이팬에 구운 훌륭한 생선 요리를 제공한다. 테라스에서 바라보는 전망 역시 환상적이다. 이곳은 1930~1940년대 사우샘프턴Southampton[100]을 향하던 비행정들이 출발하던 바로 그 지점이다.

호텔 아메리카노
뉴욕, 미국

첼시 하이 라인High Line[101] 근처 멋있는 루프톱에서의 식사? 호텔 아메리카노 Hôtel Americano가 정답이다. 식사는 바닷가재로 시작해 퀴노아와 아보카도, 그리고 치미추리 소스가 더해진 뉴욕 스트립 스테이크로 이어진다. 브런치 메뉴로는 슈퍼 베리 아사이 스무디와 홈메이드 그레놀라를 제공한다. 이곳은 멕시코의 아비타 그룹Grupo Habita이 미국에서 처음으로 진행한 프로젝트의 산물로, 인테리어는 파리의 콜레트Colette 매장을 작업했던 MCH의 아르노 몽티니Arnaud Montigny가 담당했다.

로칸다 안티카 몬틴
베네치아, 이탈리아

철제 프레임 침대와 대리석 바닥을 가진 매혹적이고도 고풍스러운 숙박 시설의 개방된 마당에는 보석 같은 레스토랑 로칸다 안티카 몬틴Locanda Antica Montin이 있다. 높은 수준의 세련된 베네치아 음식과 함께 소박한 지역 와인을 마실 수 있는데, 그야말로 마법과도 같은 분위기의 배경이 돋보이는 곳이다. 러셀 노먼Russell Norman[102]이 애정하는 곳으로도 유명하다. "바깥 세상이 아무리 정신없다 해도 이곳은 언제나 조용하고 평온하지요."

리버 카페
런던, 영국

여전히 런던 최고의 레스토랑 중 하나로 손꼽히는 리버 카페River Café는 어떤 날씨에 방문하든 늘 좋다. 하지만 햇살 좋은 날, 딱 맞는 상대와 템스강 쪽 하얀 식탁보가 깔린 테이블에 앉아 스파클링 와인을 홀짝이며 나무를 태워 익힌 스코틀랜드산 작은 바닷가재와 고열로 조리한 농어 요리 혹은 이탈리아 리구리아산 생선 스튜를 기다리는 것만큼 기분 좋은 일도 없을 것이다.

룩

맥스 그린필드

「뉴 걸New Girl」의 슈밋을 연기한 맥스 그린필드Max Greenfield가
바이럴 동영상과 허영심에 대해 이야기한다.

글 조너선 헤이Jonathan Hey

미국 폭스Fox 사의 시트콤 「뉴 걸」이 세계적인 성공을 거두면서 맥스 그린필드는 어느덧 코미디의 아이콘이 되어 있었다. 그가 맡은 캐릭터 슈밋―웃기고 과장되고 자기 중심적이지만, 사랑할 수밖에 없는 루저―덕분이다. 그는 조이 데이셔넬Zooey Deschanel이 명연기를 펼친 캐릭터 제스의 순진한 낙천주의를 완벽하게 돋보이게 하는 남자다.

슈밋의 인기가 올라간 만큼 그가 레드 카펫에 등장하는 횟수도 늘어났다. 아, 이 인기엔 그린필드 스스로 제작한 몇 개의 바이럴 동영상이 일정 부분 기여했다고 볼 수 있다. 슈밋의 데이트 프로필(슈밋에게 가장 어울리는 상대가 누구냐고? 바로 그 자신이다)이라든가, 사람 없이 유령의 기운으로 가득 찬 것만 같은 텅 빈 공간에서 스피닝[103] 수업을 진행하는 콘셉트의 영상 같은 것들 말이다.

2013년 그린필드는 귀네스 팰트로Gwyneth Paltrow의 웹사이트 굽Goop(팰트로는 자신의 트위터에 슈밋 캐릭터의 엄청난 팬임을 밝힌 바 있다)에 게스트 에디터로 참여해 특정 디자이너에 대한 애정을 드러낸 후, 결국 자신의 소망을 이뤘다. 「뉴 걸」의 슈밋 역할로 골든 글로브 시상식의 수상 후보에 오른 그에게 디자이너가 턱시도를 보내준 것이다.

"제 평생 이것보다 좋은 옷을 가질 수는 없을 거예요." 그가 말했다. 뉴욕 웨스트체스터에서 자란 그는 현재 캐스팅 디렉터인 부인 테스 산체스Tess Sanchez, 딸 릴리Lilly와 함께 로스앤젤레스에 살고 있다. "이 옷을 입으면 마치 다른 사람이 된 것만 같아요. 제가 생각한 대로 잘 맞아요. '이거 정말 죽인다' 싶은 거죠.

223

가끔 옷을 입고 집 안을 돌아다녀요. 자랑하는 건 아니지만, 때로 아내에게 '자기야, 나 좀 한번 봐줄래'라고 말하기는 하죠."

슈밋은 정말 생생하게 살아 있는 인물 같아요. 처음부터 그럴 의도였나요?
음, 네, 맞아요. 우린 그 캐릭터가 그렇게 되길 바랐어요. 그래서 뭔가 퍼포먼스를 하는 느낌으로 만들었죠. 저는 슈밋이 하는 농담을 완전히 이해했고, 이걸 가지고 밖에서 뭔가 다른 것을 하고 싶은 생각이 좀 있었어요. 스피닝 수업 영상도 그렇게 탄생한 거예요. "자 봐, 뭘 어떻게 할지 정확히 알겠어. 만약 계속 관심을 끌고 성공하게 되면, 「사인필드Seinfeld」[104]의 크레이머처럼 될 거야." 이런 느낌이었죠. 「뉴 걸」의 캐릭터 중 슈밋이 단연 가장 요란한 인물이에요. 저는 "아, 전 그와 같지 않아요"라든가 "저건 못 하겠어요"라고 하기보다는 모든 걸 완전히 받아들였어요. "완전히 제대로 가보자"고 했죠. 사람들에게 제가 이 캐릭터의 농담에 푹 빠져 있다는 걸 어필하면 캐릭터를 완전히 체화할 수 있을 거라는 생각이었어요.

바이럴 동영상이 이렇게 인기를 끌 거라고 예상했나요?
「더 힐즈The Hills」를 패러디한 온라인 데이트 프로필 영상의 경우, 히트할 줄 알았어요. 하지만 스피닝 비디오는 예상 못 했죠. 그냥 재미로 했거든요. 『뉴욕 매거진New York Magazine』의 벌처Vulture 사이트에 슈밋의 운동론에 관한 기사가 실린 적이 있는데 그걸 보고 떠올린 거죠. "이걸 한번 제대로 보여주겠어!" 그렇게 촬영하게 된 거예요. 그러고 나서 영상을 올리니까 사람들이 정말 까무러쳤죠. 전 사람들이 원하는 사소한 흥미 요소를 찾아야 한다고 생각해요. 그걸 18퍼센트 정도의 사람들에게 어필하면 제대로 한 거예요. 그러면 나머지 82퍼센트도 "이게 도대체 뭔데?" 하고 반응하며 찾아보게 되거든요.

입소문 나는 방법에 대해 물어온 셀러브리티가 있었나요?
아니요. 비밀이랄 것도 없는 것이, 정확한 콘셉트를 찾으면 돼요. 인터넷에 어떤 방식으로 노출할지, 누구를 대상으로 어필할지를 알면 되는 거죠. 트위터라면 너무 깊게 생각하면 안 돼요. 중요한 건 콘텐츠이고, 이런저런 것들을 노출시키면서 당신이 무엇을 하고 있는지 사람들에게 알려주기만 하면 돼요. 리나 더넘 Lena Dunham, 민디 캘링Mindy Kaling이 정말 잘하는 것 같아요. 트위터에선 당신만의 개성을 만드는 게 정말 중요해요. 그래서 당신의 피드를 읽는 사람은 누구든지 단순히 읽는 게 아니라 당신이 하는 얘기를 실제로 듣게 되는 것이죠.

슈밋을 연기하면서 옷 입는 방식도 바뀌었나요?
글쎄요, 좋은 옷을 좀 갖게 되었죠. 원래 차려입는 걸 좀 좋아하긴 했어요. 재미
있잖아요. 전 제 옷들을 좋아해요. 스스로 고르는 것도 좋아하고요. 밴드 오브
아웃사이더스의 빅 팬이에요. 항상 좋아했죠. 톰 브라운Thom Browne이 담당
하는 브룩스 브러더스의 블랙 플리스 라인도 좋아하고요. 구찌Gucci 슈트를 입
고 화보 촬영을 하는 것도 재미있죠. '오, 나 지금 좀 괜찮은데?' 하는 생각이 들
잖아요. 골든 글로브 시상식 때는 옷을 차려입고 이렇게 생각했어요. '나 제임
스 본드 같아!'

슈밋의 스타일 십계명이라 하면 뭐가 있을까요?
그가 만드는 규칙들은 그저 상황에 근거한다고 보면 됩니다. 때에 따라 계속 바
뀌죠. 슈밋은 잡지를 보다가 슈트를 입은 저스틴 팀버레이크를 보면 자신의 스
타일인 것처럼 따라 입는 그런 남자예요. 잡지는 본 적도 없는 것처럼 말이죠.
어느 정도 종합해보면 자신의 피부에 콤플렉스가 있는 통통한 유대인 아이에겐
저스틴 팀버레이크가 아마도 가장 근접할 수 없는 존재여서 그럴지도 모르고요.

팀버레이크가 한 것 중 슈밋이 하지 못할 것도 있나요?
전혀요. 슈밋은 분명 그 녹록지 않은 여정에 빠져들었을 거예요. HBO 콘서트
를 보고는 이렇게 말했겠죠. "여기 봐. 이게 내가 내 삶을 어떻게 살고 싶은지,
내가 어떻게 인정받고 싶은지를 말해주는 거라고." 하지만 슈밋의 스핀은 끔찍
하고 완전히 망쳐버려요. 저스틴 팀버레이크가 제대로 하는 것마다 슈밋은 망
쳐버려요.

슈밋은 화려한 스니커즈를 좋아하나요?
그럼요, 그는 화려한 건 다 좋아해요.

신발에 대한 당신의 철학은 무엇인가요?
좋은 부츠와 구두 각각 한 켤레씩만 있으면 된다고 생각해요. 사실 스니커즈는
그다지 좋아하지 않아요. 운동할 때 신긴 하지만요. 그런데 컨버스Converse라
면 얘기가 다르죠. 그 브랜드는 완전 좋아해요.

여행할 때마다 가지고 다니는 게 있나요?

전 지금 입고 있는 블랙 플리스처럼 브이넥을 정말 좋아해요. 어디론가 갈 때는 거의 항상 이걸 챙기죠. 여러모로 유용해요. 약간 차려입을 때도 그렇고, 셔츠 위에 겹쳐 입을 수도 있고요. 어디에나 잘 어울리는 좋은 아이템이죠. 만약 제가 유니폼을 입어야 한다면 반드시 파란색 브이넥 스웨터를 선택할 것 같아요.

즐겁게 작업한 또 다른 작품이 있나요?

2012년에 「데이 케임 투게더They Came Together」라는 영화를 찍었어요. 데이비드 웨인David Wain과 마이클 쇼월터Michael Showalter의 작품이죠. 「핫 아메리칸 서머 2Wet Hot American Summer 2」 같은 거라고 보시면 돼요. 만약 매년 여름, 영화를 함께하자고 불러준다면 출연료 없이 어느 역할이든 기꺼이 맡고 싶어요. 출연진 역시 엄청났어요. 폴 러드Paul Rudd, 에이미 폴러Amy Poehler, 그리고 「더 스테이트The State」에 나오는 모든 남자들까지. 이 사람들은 차원이 달라요.

슈밋 패션 라인을 만들 생각을 해본 적이 있나요?

없어요.

리포트

아르데코 자동차

굉음을 내며 질주하던
광란의 1920년대 자동차와 그 이후의 이야기.

글 톰 M. 포드Tom M. Ford
(미스터 포터 피처 작가)

2013년 내슈빌의 프리스트 시각예술센터Frist Center for the Visual Arts에서는 〈관능의 강철: 아르데코 자동차Sensuous Steel: Art Deco Automobiles〉라는 전시가 열렸다. 버지니아 출신 큐레이터 켄 그로스Ken Gross의 기획 아래 역사와 스타일, 순수한 아르데코의 대담성을 다룬 이 분야 최초의 메이저 전시로, 아주 특별한 열여덟 대의 자동차가 공수되어 선보여졌다.

우리는 LA에 있는 피터슨 자동차 박물관Petersen Automotive Museum의 관장을 역임했고, 40년 넘게 자동차에 관한 글을 써온 그로스와 함께 이 아름다운 자동차들이 어떻게 탄생했는지, 이들이 동시대 문화에 있어서 어떤 의미인지 등 값을 매길 수 없을 만큼 뛰어난 이 '키네틱 아트'[105]에 대한 이야기를 나누었다. "아르데코 시대의 클래식 자동차는 오늘날에도 여전히 시각적으로 가장 흥미롭고 상징적이며 세련된 20세기 디자인으로 남아 있지요." 그의 말이다.

〈관능의 강철〉 전展엔 모두 열여덟 대의 차가 전시되었죠. 개인적으로 가장 좋아하는 차량은 무엇인가요?
정말 어려운 질문이네요. 아르데코를 전형적으로 보여주는 차는 피고니 & 팔라시Figoni & Falaschi의 1937년작 들라이예 135MS 로드스터를 꼽을 수 있어요. 저는 그 차를 '바퀴 달린 파리Paris의 드레스'라고 부르는데요. 여성스러운 외관을 갖고 있지만 내구성은 아주 강하고, 어느 측면에서 봐도 곡선미가 뛰어나고, 비현실적이며, 아름다운 차입니다. '등장'이라는 단어가 가장 잘 어울리는 차라고 할 수 있죠.

그 차와 관련해 전해지는 이야기가 있나요?
들라이예 135MS는 1937년 파리모터쇼를 위해 제작된 세계에 단 하나뿐인 로드스터예요. 육안으로 볼 때도 아름답지만 기술적인 면에서도 참신했는데, 공기 역학 기술과 특별히 고안된 가벼운 좌석, 그리고 컨버터블 지붕이 그것이죠. 이 차는 전시회 이후 브라질 대사에게 팔렸는데, 1939년 한 프랑스 남성에게 다시 팔려 훗날 이탈리아 육군 장교가 탈취하기 전까지는 코트다쥐르에 보관되고 있었어요. 그는 전쟁 때 도망을 쳤고, 원소유자가 1947년 밀라노에서 다시 찾게 되죠. 이후 그는 피고니 작업장에 복원을 맡겼고, 에르메스가 트림 작업을 마무리했습니다. 2001년 미국의 자동차 전문가 마일스 콜리어Miles Collier가 이 차를 구입해 다시 복원합니다. 콜리어 컬렉션은 미국에서 가장 중요한 컬렉션 중 하나지요. 포르셰Porsche부터 게리 쿠퍼의 듀센버그Duesenberg까지 모두 갖추고 있어요.

아르데코 디자인의 어떤 점을 높이 사세요?
저는 아르데코만의 단순함을 좋아해요. 제 친구 게리 바실라시Gary Vasilash(『자동차 디자인 & 제품Automotive Design & Production』의 편집장)는 아름다운 선과 곡선의 조합이라 말했는데, 사실 두 가지는 모두 단순하면서도 복잡하잖아요. 그건 즉각적으로 알아볼 수 있죠. 이런 질문은 마치 포르노그래피를 정의해보라는 것과 같은 거예요. 콕 집어 설명하기는 어렵지만 딱 보면 알 수 있죠! 이 자동차들은 키네틱 아트예요. 랄프 로렌의 차는 파리의 루브르 박물관에도 전시되어 있잖아요. 대중이 그것들을 현대의 조각품으로 받아들이기 때문이죠.

1920~1930년대 아르데코 붐이 어떻게 차로 적용된 건가요?
1930년부터 1939년 전쟁이 일어날 때까지 대공황의 충격이 있었어요. 하지만 당시에도 특별한 자동차를 살 수 있던 사람들이 있었죠. 1937~1938년 즈음엔 사람들이 전쟁의 위협을 크게 느끼면서 사회 분위기가 "그래, 즐길 수 있을 때 즐기자!"가 된 거예요. 사람들은 공장에서 자동차 섀시를 구해 코치 빌더[106]를 찾아가곤 했어요. 그들은 스케치를 보고 패브릭과 가죽을 골랐죠. 그렇게 자동차가 주문 제작된 거예요.

L-29 코드 카브리올레

앨런 리미Alan Leamy가 디자인한 L-29 코드 카브리올레는 미국의 첫 전륜 구동 고급 자동차로 아르데코 디자인에 큰 족적을 남겼다. 전 소유주인 건축가 프랭크 로이드 라이트Frank Lloyd Wright는 극적으로 낮게 빠진 이 차의 실루엣에 푹 빠졌던 모양이다.

KJ 헨더슨 웨스트폴

1930년대 모터바이크 디자인에 있어서 드문 예로 꼽히는 이 바이크는 공기 역학 기술이 적용되었으며, 1936년 오 레이 코트니O Ray Courtney가 '내일의 모터사이클motorcycle of tomorrow'이란 모토로 디자인한 것이다. 일렬로 늘어선 네 개의 실린더로 작동하는 이 바이크는 현재의 소유주인 프랭크 웨스트폴 Frank Westfall이 다시 제작했다.

포드 모델 40 스피드스터

포드Ford 사의 디자인 수장 E. T. '밥' 그레고리E. T. 'Bob' Gregorie가 1932년 디자인한 스피드스터는 유선형의 섀시, 곡선미가 돋보이는 펜더,[107] 악어 가죽 덮개와 포드 플랫헤드 V8 엔진을 장착했으며, 두 개의 좌석을 갖춘 매끈한 알루미늄 차체가 돋보이는 모델이다. 이 차는 전 세계에서 오직 한 대만 존재한다.

1934 피어스 애로 실버 애로 세단

애로 세단은 애초에 1933년 시카고에서 개최된 〈진보의 세기A Century of Progress〉 박람회를 위해 만들어졌다. 필립 라이트Phillip Wright가 디자인한 이 차의 당시 가격은 약 1천만 원 정도로, 사치품의 완벽한 본보기였다(현재 가치로 환산하면 약 2억 원에 육박한다). 생산된 다섯 대 중 현재는 세 대만 남아 있다.

들라이예 135M

유명 코치 빌더 중 한 명인 주세페 피고니Giuseppe Figoni가 처음으로 제작한 공기 역학의 쿠페형 자동차 들라이예 135M은 프랑스의 카레이서 알베르 페로 Albert Perrot가 의뢰한 차량이다. 1930년대 칸에서 열린 클래식 모터쇼 '콩쿠르 델레강스concours d'élégance'에 등장, 그랑프리를 수상했다.

1935 스타우트 스캐럽

폭넓은 항공 지식을 지닌 윌리엄 '빌' 부시넬 스타우트William 'Bill' Bushnell Stout가 디자인한 아르데코 스타일의 1935 스타우트 스캐럽은 비행기 기체를 연상시키는 디자인이 돋보이는 작품으로, 넉넉한 실내 공간을 가진 것이 특징이다. 실제로 스타우트는 자신이 디자인한 차를 바퀴 달린 사무실로 생각했다고 한다.

이 차들이 그 시대를 상징하는 대표작들인가요?

네, 기술적인 혁신을 담은 고가의 특별한 차들입니다. 피어스 애로 실버 애로 세단은 1933년 시카고 〈진보의 세기〉 박람회에서 수상하기도 했지요. 차의 펜더는 완전히 덮여 있고 스페어 타이어가 발판 위에 나와 있는 대신 펜더 아래에 숨겨져 있는데, 바로 이 점이 사람들을 아주 놀라게 했습니다. 크라이슬러Chrysler 에어플로는 너무 앞서간 모델이었고요. 사람들은 자신의 차가 마치 눈물방울처럼 보이는 건 원치 않았던 것 같아요.

에드셀 포드Edsel Ford의 1934 모델 40 스피드스터는 세계에 단 한 대밖에 없는 차입니다. 누가 가지고 있고 얼마 정도에 팔리나요?

에드셀 포드(헨리 포드Henry Ford의 아들)가 1943년 세상을 떠났을 때 이 차는 그의 자산의 일부로 캘리포니아의 누군가에게 매각됐습니다. 2010년 에드셀 & 엘리너 포드 하우스Edsel & Eleanor Ford House는 14억 원 이상을 주고 이 모델을 다시 구입했고 복원을 위해 많은 돈을 투자했지요. 경매에서는 50억 이상을 찍을 거예요.

이 차들에 관한 또 다른 흥미로운 이야기가 있나요?

부가티 타입 57C는 프랑스 정부가 페르시아 왕자에게 결혼 선물로 준 차예요. 석유를 지속적으로 공급받기 위해서요! 1930년에 사람들은 조던 모델 Z 스피드웨이 에이스 로드스터에 관심을 보였는데 마침 불황이 오고 말았죠. 1970년대에 제가 이 모델은 결국 세상에서 사라지고 말았다는 기사를 썼는데, 클리블랜드에 살던 짐 스테커Jim Stecker라는 남자가 제 기사를 읽고 차를 찾아내서 복원했어요. 제 기사가 틀렸다는 게 이렇게 기쁜 적이 없었죠. 1929 코드 L-29 카브리올레는 건축가 프랭크 로이드 라이트의 소유였는데, 그는 낮은 차체 실루엣과 전륜 구동 방식의 코드가 자신의 건축물을 보완해주었다고 생각했지요.

자동차에 끌리는 이유는 무엇인가요?

저는 열두 살 때 처음으로 『로드 & 트랙Road & Track』이라는 잡지를 구입했어요. 당시 이웃집에 스포티한 MG TC가 있었는데, 그 차를 정말 좋아했죠. 작가 켄 퍼디Ken Purdy는 미국 차들에 대해 "과장된, 젤리 같은 몸체를 가진 고물"이라고 묘사했는데 이 차는 전혀 그렇지 않았어요. 최근에 버지니아부터 이 차가 만들어진 인디애나 오번Auburn까지 코드 812 컨버터블 쿠페를 타고 달린 적이 있어요. 오래된 자동차를 타고 달리는 건 멋진 일이죠. 마음이 옛날로 돌아간 느낌이 든다고 할까요. 냄새, 환기 횟수, 기어를 바꿀 때의 기술적인 느낌 등 모든 게 그래요.

어떤 차를 가지고 있나요?
페라리 두 대와 람보르기니를 가지고 있었는데 지금 제 차고는 1939 컨버터블 쿠페와 1940 쿠페를 포함한 빈티지 포드로 채워져 있어요. 고등학교 시절부터 이 차들을 좋아했죠. 핫 로드[108]인 1932 포드 로드스터도 가지고 있고요. 오래된 차를 모는 것을 좋아하는데, 마치 차량 등록증을 가진 파일럿이 된 기분이죠. 가죽과 나무의 구조, 차의 분위기가 요즘 차들과는 확연히 달라요. 마음가짐도 다르게 해야 하고요. 정말 시대를 초월하는 차들이에요!

지금과 비교했을 때 당시 차의 구조는 어떠했나요?
거의 완전히 다르다고 볼 수 있죠. 1930년대엔 배출에 관한 안전 규제가 전혀 없었어요. 디자이너들은 하고 싶은 것들을 마음껏 했죠. 당시 많은 차들이 날렵했고, 타이어도 마찬가지로 얇았어요. 하지만 요즘 차들은 디스크 브레이크 같은 것들을 부착해야 하니 바퀴 자체가 더 넓죠.

현대의 차들에서도 그와 같은 향수를 느낄 수 있을까요?
이런 차들을 다시는 볼 수 없을 거예요. 하지만 오늘날에도 훌륭한 차들은 분명 있어요. 페라리, 람보르기니, 애스턴 마틴과 같은 차는 정말 제대로 된 차들이죠. 사실 그 옛날에 500bhp의 성능은 상상할 수도 없는 거였어요. 하지만 그런 실용적인 차들에서 향수를 느낀다? 그럴 것 같지는 않네요. 절대 같을 수가 없어요.

아르데코 차들이 현대의 차에 영향을 준다고 생각하나요?
요즘 디자이너들은 스타일에 관한 영감을 얻기 위해 옛날 자료들을 보는 걸 좋아하죠. 예를 들어 자동차의 지붕 윤곽 같은 거요. 1934 타입 46 부가티는 혁신적인 전면 유리와 지붕을 타고 흐르는 완벽한 곡선미를 갖고 있는데, 이와 같은 선들을 10~15년 전에 출시된 현대의 차에서도 찾아볼 수 있습니다. 사람들이 여전히 형태의 순수성을 사랑한다는 증거가 아닐까요.

브라이언 페리

나른한 오라의 전설 브라이언 페리Bryan Ferry가 재즈와 1920년대, 그리고 파리에서 모자를 쓰는 것에 대한 이야기를 들려준다.

글 댄 케언스Dan Cairns

브라이언 페리를 만날 때마다 그에게 반드시 물어보고 싶은 질문이 있었다. 음악에 관한 것은 아니다. 40년 동안이나 우리를 음악으로 매혹시켜온 그는 최근 광란의 1920년대에 탄생한 명곡들을 새롭게 녹음한 앨범《재즈 에이지The Jazz Age》를 발매했다. 이 앨범엔 그가 록시 뮤직Roxy Music[109]으로 활동할 때의 음악과 자신의 솔로곡이 함께 담겨 있다. 어쨌거나 내가 그에게 항상 물어보려고 했으나 보기 좋게 실패했던 건 사실 특정한 색깔, 그리고 그것의 핵심이라 할 미세한 변주에 관한 것이다. 그는 매일, 아니 자주 네이비 슈트와 타이, 엷은 파란색 셔츠를 갖춰 입는다. 하지만 그것은 흔한 네이비가 아니고 평범한 연파랑이 아니다. 포인트는 바로 거기에 있다. 그래서 나는 진심으로 그 슈트를, 타이를, 그 셔츠를 갖고 싶었다. 이러한 이유로 페리에게 그것들을 도대체 어디서 사는지 묻고 싶었다. 그의 슈트와 타이는 네이비 색상이지만 단순히 어두운 파란색도 아니고 그렇다고 검정색에 가까운 것도 아니다. 마찬가지로 셔츠도 정확하게 하얗지도 않고 그렇다고 회색에 가까운 것도 아니다. 뭐랄까, 약간의 푸른 기가 아주 살짝 감도는 것뿐이다. 실제로 거의 그런 색감이 나지 않는데, 보기에 그렇다는 것이다. 그에게 이런 조합은 언제나 나무랄 데 없이 깔끔했다.

예상대로 런던 중심에 있는 회원 전용 클럽의 적당히 절제되고 차분한 우아함이 감도는 홈 하우스Home House에서 그를 다시 만났을 때, 나는 이러한 색감에 대해 차마 물어볼 수가 없었다(마치 그가 측은한 표정을 지으며 "몰라서 물어보는 거야?"라고 말할 것만 같은, 으레 그 나른한 눈꺼풀로 나를 내려다볼 모습이 자꾸 떠올라서였다). 대신 그의《재즈 에이지》앨범과 앨범이 뜻하는 1920년대에 대해 질문했다.

디테일에 세심한 주의를 기울이는 브라이언 페리의 성향은 집착에 가깝다. "오, 맞아요." 그가 웃는다. "하지만 이렇게 말해도 좋다면 인정받은 집착이라고 할 수 있죠." 그는 항상 앨범 재킷에 심혈을 기울여왔다. 그의 모든 지난 앨범 속 이미지와 아트워크는 검열을 통과하기 전 엄격한 취향 테스트를 거친 것만 같은데, 《재즈 에이지》에서도 이는 변함없이 드러난다. 프랑스의 유명한 포스터 아티스트인 폴 콜랭Paul Colin(가수이자 댄서, 배우인 조지핀 베이커Josephine Baker의 연인이기도 했다)의 〈르 튀믈트 누아Le Tumulte Noir〉 시리즈의 디테일을 최대한 살린 커버의 이번 앨범은 우아하게 흘러가다가 빅 밴드 재즈를 연상시키는 일련의 곡들을 담았다. 〈러브 이스 드러그Love is Drug〉는 오리지널 버전보다 한층 몽환적이고 퇴폐적인 느낌으로 완성되었다. 〈두 더 스트랜드Do the Strand〉는 들뜬 찰스턴110 느낌이다. 한편 〈아발론Avalon〉은 딱 들어맞는 목관 악기의 사용으로 원곡보다 좀 더 쓸쓸한 분위기가 난다. 놀라운 점은 결정적으로 페리는 이번 앨범에서 노래를 부르지 않았고, 모두 악기로만 녹음했다는 것이다. 노래하고 싶은 유혹이 들지 않았을까?

"글쎄요, 그렇게 하라는 압박이 있긴 했지요." 풍자 섞인 미소를 띠며 그가 말했다. "아니면 최소한 그러한 암시가 있었던가. '어쩌면 하나 정도는 부를 수도 있겠죠?'와 같은 말 말이에요. 그런데 이 프로젝트의 핵심은 가사 없이도 노래가 그 자체로 얼마나 돋보일 수 있는지 확인해보는 것이었어요. 마이크를 붙잡고 무대에 서 있는 남자가 아니라, 작곡가로서의 브라이언 페리에 집중하도록 하는 것이지요."

그는 새로운 앨범의 콘셉트를 1920년대로 잡은 결정에 대해 예전 같았으면 상상도 못 했을 일이라고 인정한다. "만약 20년 전에 하라고 했다면, 그냥 웃고 넘겼을 겁니다. 어렸을 때부터 재즈를 매우 좋아했지만 로큰롤이 제 인생에 들어온 뒤부턴 그게 저의 전부였고, 재즈는 잘 안 들었거든요. 와우 페달과 전자 기타 사운드의 매력에 완전히 빠져 있었지요." 그랬던 그가 1920년대로 다시 돌아간 이유는 그의 말에 따르면 이렇다. "모더니즘이 시작된 정말 매혹적인 시기예요. T. S. 엘리엇이 『황무지The Waste Land』를 썼고, 스콧 피츠제럴드는 『위대한 개츠비』를 완성했죠. 이 소설을 읽으며 그 시대를 처음으로 접했고, 피츠제럴드는 저를 문학소년으로 만든 첫 번째 작가예요. 물론 학교에서 밀턴John Milton이나 셰익스피어 등의 작품을 강제로 읽긴 했지만 오로지 제 즐거움을 위해 선택한 이 책을 읽고는, '와, 이때 뭔가가 정말 시작되는구나'라고 생각하면서 발견의 희열을 느꼈던 것 같아요." 그렇다면 그는 혹시 시대를 잘못 태어났다고 느끼지는 않을까? "글쎄요, 1920년대에 파리와 베를린, 뉴욕에서는 정말 많은 일들이 일어났죠. 하지만 우린 그때를 사는 게 아니라 현재를 살고 있잖아요. 사람들이 제게 '1920년대에 살았으면 하고 바라지 않으세요?'라고 묻곤 하는데, 전늘 이렇게 대답해요. '아니요, 별로요.' 지금 저는 언제든 기차를 타고 파리로 갈수 있고 베를린행 비행기를 탈 수도 있어요. 두 시간이면 충분하죠. 물론 그 시절에 태어났어도 굉장했겠지만요. 먼저, 모두가 모자를 썼다는 점이 그렇죠. 저는 눈에 띄지 않기 위해 런던에서는 모자를 잘 쓰지 않아요. 모자를 쓰면 사람들이 더욱 쉽게 알아보잖아요. 그런데 파리라면 그렇지 않을 것 같아요. 확실히 좀더 대담하고 화려한 면이 있거든요."

물론 페리는 언제나 선두에 있었다. 그에 대해 이야기하면서 1970년대 태동의 시기를 언급하지 않을 수 없다. 당시는 그의 밴드 록시 뮤직이나 데이비드 보위가 이전 시대의 답습을 탈피하고, 대신 두꺼운 아이라이너와 과장된 아트 팝, 독특하지만 날카로운 안목의 디자이너 무대 의상과 과감한 앨범 이미지를 혁신과 화려함 그 자체로 선보이던 시대다. 하지만 페리의 경우, 끊임없이 선구자적인 모습 한편으로 거의 권태로까지 보이는 대조적인 나른함이 있었고, 보수적인 우아함과 세련됨을 선호했다. 1974년에 발매된 그의 두 번째 솔로 앨범 《어나더 타임, 어나더 플레이스Another Time, Another Place》(1973년 앨범 《디즈 풀리시 싱스These Foolish Things》의 커버보다 더욱 완벽하고 나른한 버전) 커버의 턱시도가 이를 증명한다. 영국의 유명 인테리어 디자이너인 니컬러스 해슬람Nicholas Haslam은 과거 그에 대해 "호텔 방을 엉망으로 만들기보다는 다시 새롭게 꾸밀 것 같은 사람"이라는 명민한 코멘트를 남긴 바 있다. 그리고 페리가 유명 영화배우와 같은 모습으로 카메라를 쳐다볼 때마다, 그의 손가락 사이에는 언제나 담배가 끼워져 있었다. 그 담배는 지금 없을지 모르지만 그 모습만은 여전히 남아 있다. 최근 몇 년 동안 페리에게―으레 그의 동년배 아티스트들이 그렇듯―이렇다 할 변화가 없었다 해도 그가 여전히 끊임없는 호기심을 자아내는 남자인 것만은 변함이 없다. 그는 여전히 자료를 수집하고, 분석하고, 재해석하고, 또 물론 새롭게 꾸민다. 《재즈 에이지》는 그런 의미에서 나무랄 데 없이 완벽한 재작업의 결과물이라 봐도 무방할 것이다.

인터뷰가 끝날 때 즈음 그가 말했다. "음악을 녹음할 때는 온전히 혼자가 되려 합니다. 처음엔 외로움과 싸우죠. 마치 내 안의 악마와 힘겨루기를 하듯이 말입니다. 그러다가 어떻게든 연주하고 표현하려 하고, 뭔가 새로운 말할 거리를 찾기도 하지요. 대부분의 시간 동안 이런 생각을 해요. '이게 정말 좋은가? 전에 했던 것과 다른 점이 있는가?'" 확실한 건 이 앨범은 정말 좋다는 것이고, 분명히 예전 곡들과는 다르다는 사실이다.

페리가 자리에서 일어났다. 아참, 그가 무엇을 입고 있는지 얘기했던가? 의심할 여지 없는 네이비블루 색상의 슈트와 타이, 그리고 그 옅은 색 셔츠도 여전하다. 아, 이 남자 정말 보통이 아니다.

옮긴이의 말

모든 것이 하루가 다르게 바삐 돌아가는 디지털 시대, 소유하고 싶은 책 혹은 잠자기 전 머리맡에 두고 생각날 때마다 어느 페이지든 펼쳐 읽어도 좋은 책이 귀해졌습니다. 이 책은 여성 전문 쇼핑 사이트 네타포르테NET-A-PORTER에서 만든 남성 전문 온라인 쇼핑 서비스인 미스터 포터MR PORTER의 인쇄 버전입니다. 어떤 브랜드든 디지털화에 박차를 가하는 시대에 일찍이 디지털로 시작해 승승장구하는 상업적인 사이트가 아이러니하게도 그들의 콘텐츠를 따로 모아 굳이 종이 냄새 가득한 책으로 엮은 이유는 무엇일까요. 저는 이 책에 담긴 '진짜 콘텐츠의 힘'이 그 정답이라고 생각합니다.

패션 이야기가 이 책의 전부는 아닙니다. 물론 신사의 클래식 룩에 필요한 머스트 해브 아이템을 히스토리와 함께 분석하고 지극히 현실적인 스타일링 법을 제안한 칼럼도 있지만, 오랜 세월이 흘러도 여전히 빛나는 자신만의 오라로 많은 이들의 롤모델이 된 시대의 아이콘과 그들의 시그니처 스타일에 더 많은 페이지를 할애합니다. 여기에 나이가 들며 가치관이 변하듯, 화려함에 집착했던 한 국가대표 축구 선수가 은퇴 후 자신만의 또 다른 꿈을 향해 나아가는 이야기라든지(1권 p.46. 그는 실제로 얼마 전 사케 브랜드를 론칭했더군요), 쇼핑과 소유에 눈뜬 요즘 남성들에게 빈 공간이 주는 기쁨에 대해 설파하는 건축가의 철학(1권 p.61), 르 코르뷔지에의 디자인(2권 p.113) 그리고 성공한 남자들의 새벽 습관(3권 p.15), 스타들의 자동차(3권 p.39), 남자의 뇌를 섹시하게 만들어줄 책(3권 p.96) 등이 흥미를 자극하는 것은 물론이고 누군가에게 물어보기엔 곤란해 남몰래 궁금해하던, 실생활의 소소하지만 유용한 행동 요령도 함께 담겨 있습니다.

읽다 보면 아시겠지만 서양의 문화색이 짙은 칼럼도 있고, 국내에는 잘 알려지지 않은 셀러브리티의 인터뷰가 나올지도 모릅니다. 하지만 소위 이 시대 멋진 남자들의 모습 뒤에 가려진 패션의 '흑역사' 등 시행착오의 에피소드뿐만 아니라 가지각색의 가정사, 고뇌와 역경(3권 p.212), 그리고 그것들이 세월 혹은 경험의 무

240

게와 합쳐져 만들어낸 안목과 내공은 우리 모두에게 크고 작은 울림을 줄 것입니다. 그럼에도 이 모든 이야기가 무겁게 흐르지 않는 이유는 스타일과 품격 있는 삶을 향한 남성들의 욕구와 열정이 특유의 유머러스하고 경쾌한 시선으로 표현되기 때문입니다.

패션과 건축, 가구, 차, 음악 등 다양한 주제를 넘나들며 이 책이 말하고자 하는 것은 결국 '나의 스타일'입니다. 옷의 존재 가치와 목적이 '옷' 자체가 아니라 그 옷을 입는 '사람'에게 있듯이 말이지요. 그리고 스타일은 한때의 유행을 좇거나 겉모습을 치장하는 것이 아니라 나를 둘러싼 환경의 부산물임을 깨닫게 해줍니다. 잘 보이지도 않고 콕 집어 설명할 수도 없지만 우리가 보낸 시간, 즉 가족이나 가까운 지인들과의 추억, 뜨거운 열정을 바친 일과 사랑 속에서 조금씩 우리 안에 쌓이고 피어나는 미묘한 것들. 그렇게 각자의 빛깔로 뿜어내는 향기가 바로 자신만의 스타일이요, 취향일 거라고 생각합니다.

지금 당신이 그리는 인생의 풍경이 어디쯤인지는 모르겠지만 그 일상의 귀퉁이에서 이 책이 피식 웃음 나는 잠깐의 휴식이나 스타일 좋은 형이 전해주는 진심 어린 조언, 또는 감각적인 라이프 스타일의 나침반이 될 수 있다면 더할 나위 없이 기쁘겠습니다. 영상이 언어보다 큰 힘을 발휘하는 SNS 시대에 잉크와 사람 냄새 가득한 이 책의 가치를 알아봐 주는 독자가 존재한다면 더욱 감사할 것 같습니다.

마지막으로 용기를 북돋아 주신 그책의 정상준 대표님과 메일을 통해 함께 고민해주고, 매끄럽게 수정할 수 있도록 많은 도움을 주신 정희정 편집자님의 노고에 진심 어린 감사의 말씀을 드립니다.

도쿄에서,
이민경

주

1   영화 「위대한 개츠비」에서는 "Who is Gatsby(도대체 개츠비가 누구야)?"라는
       대사가 곧잘 강조되어 등장한다.

2   Initial Public Offering의 약자로 주식공개상장을 뜻한다.

3   페르시아어로 지방이나 나라를 뜻하는 접미사인 '-stan'을 개츠비 뒤에 붙인
       조어.

4   grindhouse. B급 영화 등을 상영하던 미국의 싸구려 영화관을 가리키는
       용어.

5   splatter cinema. 잔혹한 폭력 장면의 상세한 묘사와 유머가 공존하는 공포
       영화의 하위 장르. 흔히 '고어 필름'이라고 일컬음.

6   single shot. 클로즈업의 다른 이름.

7   블루투스 스피커.

8   Victoria line. 영국 런던의 지하철 노선.

9   영국 런던 하이드파크 동쪽에 위치한 고급 주택지. 유명 브랜드의 매장과
       고급 맞춤 양복점이 모여 있는 곳이기도 하다.

10   미국 뉴저지주의 이탈리아 마피아 이야기를 다룬 HBO의 유명 드라마.

11   런던의 브로드웨이 격인 연극과 뮤지컬의 거리.

12   티셔츠에 후드 티셔츠, 청바지, 운동화 등 실리콘 밸리에서 일하는 사람들이
       주로 입는 전형적인 룩.

13   빅토리아 시크릿 패션쇼에 서는 모델을 지칭하는 용어. '천사'라는 뜻이다.

14   gooseneck. 거위목처럼 길게 굽혀진 모양.

15   springer fork. 포크(핸들의 스티어링 스템에서 양쪽으로 서스펜션이 내려온
       구조)와 스프링을 평행하게 배치한 리딩 링크.

16   온로드와 오프로드를 모두 아우르는 혼합 주행이 가능한 스포츠 모델.

17   brake horse power. 제동마력을 나타내는 단위.

18   revolutions per minute. 분당 회전수.

19 front disk brake. 회전하는 원판형의 디스크에 패드를 밀착시켜 제동력을 발생시키는 것.

20 swingarm. 뒷바퀴와 차체를 연결하는 장치.

21 Special Air Service의 약자로 영국 특수부대.

22 돈, 성공, 권력을 바라고 하는 옳지 않은 거래.

23 세계적으로 유명한 패션 사진작가.

24 청바지를 뜻하는 영어 단어 '진Jeans'은 이 의류가 최초로 만들어진 이탈리아의 도시 제노바로부터 파생되었다.

25 '데님'이라는 단어는 프랑스어 '세르주 드 님Serge de Nîmes'에서 유래된 것으로 이는 '님(프랑스 도시)의 서지(직물의 한 종류)'라는 의미다.

26 대표작은 『분노의 포도The Grapes of Wrath』(1939)로 1962년 노벨 문학상을 받았다. 대공황이 일어난 1930년대 미국의 비참한 생활상, 농장 노동자로 일하는 이주민의 삶을 주로 묘사했다.

27 gold rush. 19세기 미국에서 금광이 발견된 지역으로 사람들이 몰려든 현상.

28 1950년대 전후 미국의 풍요로운 물질 환경 속에서 보수화된 기성질서에 반발해 저항적인 문화와 기행을 추구했던 젊은 세대.

29 workwear. 작업복.

30 henley neck. 목 부분에 단추가 3~5개 달린 라운드넥 티셔츠.

31 overall. 작업할 때 의복을 보호할 목적으로 보통 옷 위에 덧입는 의상.

32 미국와 캐나다의 저널리스트. 잡지 『배너티 페어Vanity Fair』의 에디터를 역임했다.

33 미국의 소설가 겸 유명 라디오 프로그램 진행자.

34 『뉴욕 옵저버New York Observer』 편집장을 역임한 인물.

35 인기 있는 아시아 퓨전 레스토랑.

36 미국의 천재적인 스탠드업 코미디언. 현실을 꿰뚫는 통찰력으로 많은 생각의 여지를 남기는 개그로 유명하다.

37 영국 모터사이클 그랑프리가 열리는 서킷 이름.

38 tiebreak. 테니스에서 게임이 듀스일 경우 12포인트 중 7포인트를 먼저 따낸 자가 승리하는 방식.

39 Test series. 세계적인 럭비 연합대회.

40 fly half. 럭비에서 팀의 전술 운용을 결정하는 플레이 메이커. 스탠드오프 하프로도 불린다.

41 아돌프 히틀러와 10만 명의 관중이 지켜보는 가운데 롱은 오언스에게 악수를

청하며 승리를 축하했다.

42   코르네토는 아이스크림 브랜드. 실제로 세 작품에는 각기 다른 맛의 코르네토
       아이스크림콘이 등장한다.

43   「스타트렉」 시리즈에 등장하는 가상의 조직.

44   mods. 꽃무늬의 화려한 셔츠, 판탈롱 팬츠 등을 입은 1960년대 런던 젊은이
       들의 룩.

45   하와이의 불금 인사말. 금요일을 기념하며 입는 캐주얼한 알로하 셔츠를
       가리키는 말이기도 하다.

46   front row. 패션쇼의 맨 앞줄을 가리키는 말.

47   에이셉 몹A$AP Mob의 멤버였으나, 2015년 1월 LA에서 급사했다.

48   아무것도 가지지 못한 채 태어나 거친 일들을 겪은 흑인들을 지칭하는 말로,
       투팍이 내건 '서그 라이프Thug Life' 슬로건이 유명하다.

49   아마존Amazon이 개발한 전자책 리더기.

50   BBC의 자연 다큐멘터리 거장이자 동물학자, 방송인.

51   double-breasted. 앞 여밈을 깊게 하고 단추를 두 줄로 단 것.

52   남성용 『보그』 잡지의 이탈리아판.

53   seersucker. 오글오글한 주름을 줄무늬처럼 짜낸 천.

54   스페인 동북부의 해안 지대.

55   guinea. 영국의 구 금화.

56   farthing. 구 페니의 1/4에 해당하던 영국의 옛 화폐.

57   밴드 노다웃의 리드 싱어.

58   1918년 물체의 디테일을 배제하고 조형의 본질을 강렬하게 표현하자는
       미술운동.

59   Brutalism. 1950년대 영국에서 형성된 건축의 한 경향으로 가공하지 않은
       재료 그대로의 사용과 노출 콘크리트beton brut의 광범위한 적용, 건물에서
       감추어져 왔던 기능적인 설비들을 숨기지 않고 그대로 드러낸다는 점이
       특징이다.

60   lapel. 코트나 재킷의 접은 옷깃.

61   아티스트의 정규 앨범에 수록되지 못하고 싱글 앨범에 수록되거나 미발매
       곡으로 남는 곡을 모아 내는 앨범.

62   folktronica. 포크와 일렉트로닉 음악의 요소를 결합한 음악 장르.

63   dubstep. 일렉트로닉 장르로 낮은 주파수의 묵직한 사운드를 특징으로 한다.

64   1965년 LA에서 결성된 사이키델릭 록 그룹.

65 banjo. 미국의 대표적인 민속 악기. 동그란 모양의 미니 기타처럼 생겼다.

66 '직접 하거나 아니면 죽거나'라는 뜻.

67 chillwave. 신시사이저와 단순한 보컬음을 쓰는 음악의 한 종류.

68 cloud rap. 구름 위에 붕뜬 느낌으로 하는 느린 템포의 랩.

69 미국의 문화예술비평 매체.

70 루마니아 북서부 지방.

71 trip hop. 1990년대 초반 영국에서 발생한 전자음악의 하위 장르.

72 미국의 대표적인 힙합 프로듀서. 저스틴 팀버레이크의 정규 앨범 세 개를 모두 프로듀싱했다.

73 dimple. 타이 매듭 아래 생기는 작은 패임 혹은 주름.

74 sprezzatura. '태만', '여유', '느긋함'을 뜻하는 이탈리아어로, 패션에서는 노력하거나 신경 쓴 사실을 드러내지 않으면서 세련되고 우아하게 표현해내는 방식을 말한다.

75 four-in-hand knot. 가장 빠르고 손쉽게 맬 수 있는 타이 매듭 방법이며 '플레인 노트plain knot'라고도 불린다.

76 Brevity(약어)=Laughing Out Loud(크게 웃다)

77 아메리칸 위스키나 버번 위스키를 베이스로 사용해 각설탕, 오렌지 등을 넣어 제조하는 칵테일.

78 muddler. 재료를 으깨거나 섞는 데 사용하는 막대. 최근에는 장식용으로도 많이 쓴다.

79 Hawthorne Strainer. 스프링과 여과기가 부착된 형태의 도구로, 제조된 칵테일을 칵테일 잔에 부을 때 얼음 조각 등이 들어가지 않도록 하기 위한 용도로 사용된다.

80 데이비드 보위의 투어에서 구할 수 있었던, 그때 당시 매우 유행하던 잡지.

81 1964년 1월부터 2006년 7월까지 영국 BBC에서 방영된 음악 차트 쇼.

82 1970년대에 데이비드 보위와 함께했던 밴드.

83 독립 영화 극장. 1976년 섹스 피스톨스Sex Pistols의 쇼케이스가 이곳에서 열렸다. 이날 쇼케이스에 갔었다고 거짓말을 했던 사람이 많았을 것으로 추정된다.

84 1970년대에 활약했던 영국의 록밴드.

85 budgie jacket. 둥근 라펠을 가진 비행 조종사 스타일의 집업 재킷.

86 Russian twist. 상체를 뒤로 기울여 복직근을 수축한 상태에서 어깨가 좌우로 돌아갈 수 있도록 하는 내외복사근 운동.

87 hacking jacket. 승마복에서 유래한 재킷으로 허리선이 잡혀 있고 주머니가 비스듬한 것이 특징이다.

88 windowpane. 은은한 정사각형 창틀 문양의 체크.

89 1934년부터 1945년까지 나치의 강제수용소가 있었던 곳.

90 capsule collection. 급변하는 유행에 반응하여 작은 단위로 자주 발표하는 컬렉션.

91 1948년부터 1954년까지만 생산됐다. 경매에서나 구할 수 있으며 낙찰가는 수억 원대에 달한다.

92 미국 시카고를 중심으로 조직 범죄단을 이끈 갱단의 두목.

93 발목까지 오는 스웨이드 부츠.

94 donkey jacket. 본래 노동자가 착용했던 작업복의 일종.

95 스페인의 고급 자동차 제조사, 항공기 엔진 제작사로 현재까지 그 명맥을 잇고 있다.

96 top hat. 신사들이 정장을 입고 쓰던 높은 모자.

97 프랑스의 건축가이자 디자이너.

98 ottoman. 위에 부드러운 천을 댄 기다란 상자 같은 가구. 상자 안에는 물건을 저장하고 윗부분은 의자로 쓴다.

99 art deco. 파리 중심의 1920~1930년대 장식미술.

100 영국 남부 해안의 항구 도시.

101 고가 화물 노선을 재이용한 뉴욕시의 공원.

102 영국의 외식 사업가.

103 spinning. 자전거 모양의 운동기구를 타고 음악에 맞춰 몸을 움직이는 실내 스포츠.

104 1989년부터 1998년까지 미국 NBC에서 방영된 장수 시트콤.

105 kinetic art. 움직임을 주요소로 하는 예술.

106 coach builder. 다른 회사의 엔진이나 섀시를 기본으로 고객들이 특별 주문한 자동차를 설계 및 제작하는 회사.

107 fender. 자동차의 바퀴 덮개 부분.

108 hot rod. 가속 성능을 위해 개조한 자동차.

109 1971년 브라이언 페리가 결성한 영국의 록밴드.

110 charleston. 1920년대에 유행한 빠른 춤.

감사의 말

편집장 — 제러미 랭미드Jeremy Langmead
아트 디렉터 — 리언 세인트 아무르Leon St-Amour
에디터 — 조디 해리슨Jodie Harrison
제작 매니저 — 샌티 그린힐Xanthe Greenhill
스타일 디렉터 — 댄 메이Dan May
디자이너 — 에릭 애너브링크Eric Åhnebrink
교열 에디터 팀장 — 시안 모건Siân Morgan
교열 에디터 차장 — 제임스 콜슨James Coulson
사진 에디터 — 케이티 모건Katie Morgan
편집 어시스턴트 — 캐롤린 호건Caroline Hogan

도움주신 분들

마리 벨모Marie Belmoh, 릭 버지스Rick Burgess, 자코포 마리아 신티Jacopo Maria Cinti, 토니 쿡Tony Cook, 아이오나 데이비스Iona Davies, 크리스 엘비지Chris Elvidge, 맨셀 플레처Mansel Fletcher, 톰 M. 포드Tom M. Ford, 패트릭 길포일Patrick Guilfoyle, 소피 하드캐슬Sophie Hardcastle, 톰 해리스 Tom Harris, 피터 헨더슨Peter Henderson, 루이스 말파스Lewis Malpas, 데이비드 피어슨David Pearson, 레이철 스마트Rachael Smart, 스콧 스티븐슨 Scott Stephenson, 이언 탠슬리Ian Tansley, 앤절로 트로파Angelo Trofa

내털리 마스넷Natalie Massenet에게도 무한한 감사를 전하며.

인터뷰: 대통령의 테일러 — Bjorn Iooss

룩: 커스텀 바이크의 영웅들 — John Balsom

리포트: 파블로 피카소 — René Burri/Magnum Photos; Arnold Newman/Getty Images

도구: 탁상 조명 — AJ/Photo courtesy Skandium; Signal/Photo courtesy Holloways of Ludlow

리포트: 야외 식사의 혜택과 위험 — Nick Hardcastle

룩: 맥스 그린필드 — Kai Z Feng

리포트: 아르데코 자동차 — Collection of Auburn Cord Duesenberg Automobile Museum. Photograph © 2013 Peter Harholdt; Collection of Frank Westfall. Photograph © 2013 Peter Harholdt; Collection of Edsel & Eleanor Ford House, Grosse Pointe Shores, Mich. Photograph © 2013 Peter Harholdt; Collection of Academy of Art University, San Francisco. Photograph © 2013 Peter Harholdt; Collection of Jim Patterson/The Patterson Collection. Photograph © 2013 Peter Harholdt; Collection of Larry Smith. Photograph © 2013 Peter Harholdt/Collection of Chrysler Group, LLC. Photograph © 2013 Peter Harholdt; Collection of J. Willard Marriott, Jr. Photograph © 2013 Peter Harholdt

인터뷰: 브라이언 페리 — Kalle Gustafsson

엮은이 미스터 포터 편집부

미스터 포터는 세계 최고의 멘즈웨어와 편집 콘텐츠가 결합된, 남성 스타일을 위한 온라인 사이트다. 네타포르테NET-A-PORTER에서 파생된 이 온라인 편집숍은 랑방Lanvin, 메종 키츠네Maison Kitsuné, 아페세A.P.C., 알렉산더 맥퀸Alexander McQueen, 처치스Church's 등 300개가 넘는 세계적인 디자이너 브랜드를 취급하며 매일 새로운 콘텐츠와 함께 제품을 소개한다. 뿐만 아니라 1년에 여섯 번 『미스터 포터 포스트The Mr Porter Post』를 발행하고, 주간 온라인 매거진 『저널The Journal』 등을 통해 특유의 신사답고 세련된 안목으로 현대 남성이 갖추어야 할 클래식한 스타일에 관해 뛰어난 조언을 제공한다.

옮긴이 이민경

어린 시절 홍콩에서 영국 학교를 다녔고, 이화여자대학교 언론홍보영상학부를 졸업했다. 잡지 『신디더퍼키』 공채로 입사, 『스타일 H』, 『인스타일』을 거치며 패션 에디터로 11년간 일했다. 현대카드로 이직해 마케팅 관련 일을 했고, 그 후 글로벌 패션 하우스의 홍보와 마케팅 담당자로 일하기도 했다. 현재는 일본으로 건너가 다양한 온·오프라인 매체, 브랜드에 패션과 라이프 스타일 칼럼을 기고하는 칼럼니스트 겸 콘텐츠 크리에이터, 번역가로 활동하고 있다.

옮긴이 이지희

숙명여자대학교에서 홍보광고학을 전공했다. 패션에 관심이 많아 2010년부터 『하퍼스 바자』와 『그라치아』의 영문 기사를 번역하는 일을 했고, 현재는 라이카 카메라 코리아에서 제품 및 문화 이벤트를 기획하고 진행하는 마케팅 매니저로 일하고 있다. 변방에 머물고 있지만 여전히 패션에 미련을 버리지 못해 번역을 비롯해 관련 사진과 글을 항상 곁에 두며 패션과 마케팅을 접목시키는 다양한 일들을 시도하고 있다.

MRPORTER.COM

이 도서의 국립중앙도서관 출판시도서목록(CIP)은 서지정보유통지원시스템 홈페이지(http://seoji.nl.go.kr)와 국가자료공동목록시스템(http://www.nl.go.kr/kolisnet)에서 이용하실 수 있습니다.(CIP제어번호: CIP2018001500)

미스터 포터 2

초판 1쇄 인쇄 2018년 03월 01일
초판 1쇄 발행 2018년 03월 05일

엮은이   미스터 포터 편집부
옮긴이   이민경 이지희
펴낸이   정상준
편집   정희정
디자인   김기연
관리   김정숙

펴낸곳 그책
출판등록 2008년 7월 2일 제322-22008-000143호
주소 서울시 마포구 동교로13길 34 (04003)
전화번호 02-333-3705 | 팩스 02-333-3745

facebook.com/thatbook.kr

ISBN 979-11-88285-29-7 14590
      979-11-88285-27-3 |세트|

그책은 (주)오픈하우스의 문학·예술 브랜드입니다.